BACK GARDEN
ASTRONOMY

简明观星指南

［英］BBC《仰望夜空》(*Sky at Night*) 杂志 编

李海宁 译

人 民 邮 电 出 版 社

北 京

图书在版编目（ＣＩＰ）数据

简明观星指南 / 英国BBC《仰望夜空》杂志编 ；李
海宁译. -- 北京 ：人民邮电出版社，2019.10
　　（BBC夜空探索）
　　ISBN 978-7-115-51725-8

　　Ⅰ. ①简… Ⅱ. ①英… ②李… Ⅲ. ①天文观测－普
及读物 Ⅳ. ①P12-49

中国版本图书馆CIP数据核字(2019)第155709号

版 权 声 明

内 容 提 要

　　《仰望夜空》（Sky at Night）杂志是一本由英国广播公司（BBC）出版的关于天文学和天文观测的杂志，这本杂志是在 BBC 已有 50 多年历史的《仰望夜空》专栏电视节目的基础上诞生的。《仰望夜空》栏目曾由知名天文学家帕特里克·摩尔先生主持，现已成为BBC的经典节目之一。从宇航登月到日食观测，从夜观天象到人物访谈，从天文摄影到太空探索，这本杂志的内容包罗万象、应有尽有。

　　本书是BBC基于《仰望夜空》杂志出版的一系列图书之一，主要介绍了观星的方法及技巧。书中从认识夜空所需的基础知识讲起，详细讲解了双筒望远镜和天文望远镜及其配件的使用方法，并重点介绍了夜空中各种天体的观测方法，包括我们的太阳系及其他深空天体等。

　　本书适合广大天文爱好者阅读、收藏。

◆　　编　　　　[英]BBC《仰望夜空》（Sky at Night）杂志
　　　译　　　　李海宁
　　　责任编辑　　王朝辉
　　　责任印制　　陈　犇
◆　人民邮电出版社出版发行　　北京市丰台区成寿寺路 11 号
　　邮编　100164　电子邮件　315@ptpress.com.cn
　　网址　http://www.ptpress.com.cn
　　北京东方宝隆印刷有限公司印刷
◆　开本：787×1092　1/16
　　印张：7.25　　　　　　　2019 年 10 月第 1 版
　　字数：277 千字　　　　　2019 年 10 月北京第 1 次印刷
　　著作权合同登记号　图字：01-2018-3880 号

定价：55.00 元

读者服务热线：(010)81055410　印装质量热线：(010)81055316
反盗版热线：(010)81055315
广告经营许可证：京东工商广登字 20170147 号

序　言

和大多数人一样，我第一次体验真正黑暗的天空是在小时候度假时，每年我和家人都会离开伦敦北部的家，去看望在多塞特郡的奶奶，在那里，迎接我的是比想象中更多的绿色空间，牲畜的怡人气味，还有太阳落山后令人叹为观止的漆黑天空。

当然，除了一堆星星的沼泽之地外，我不知道我正在看的是什么。一个奇妙的，闪闪发光的沼泽之地，一个永远都在那里的星星的沼泽之地。有这么多东西要看，你该从哪里开始呢？很多人都有如此疑问。

在本书中，我们的目标是让夜空变得不再那么令人眼花缭乱。为了让你在深邃的星空下更好地度过一个观星的夜晚，在这里，你能找到你所需要知道的知识。我们从最基本的知识开始，包括天空为什么会动，星座是什么，为什么你需要它们，如何绘制天体的位置，以及你在第一次观星过程中该寻找什么等。

"我们的目的是让夜空不那么眼花缭乱。"

接下来我们将讨论观星装备，讲解如何选择望远镜，双筒望远镜的价值以及你可能会购买的配件等。最后，我们将从壮丽的行星讲起，介绍流星、彗星和极光等无数美好的星体及现象的观测方法。

这是你星际冒险的开始，你要清楚，你不需要从黑暗的多塞特郡开始。在郊区的花园，你也可以看到夜空中的很多东西。

最后就只剩下一件事要告诉你了，那就是天文学家所说的"祝你好运"，希望你能遇到晴天。

凯夫·洛春
BBC《仰望夜空》杂志编辑

目　录

39

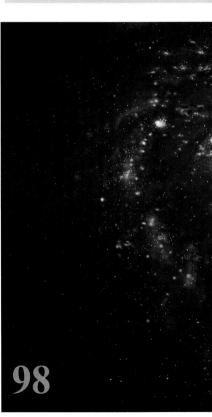

98

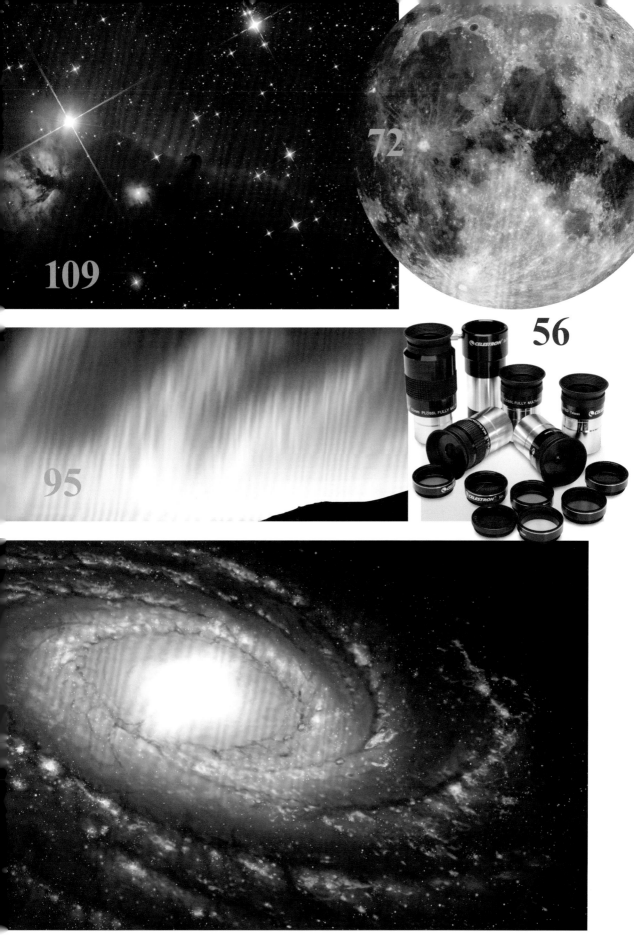

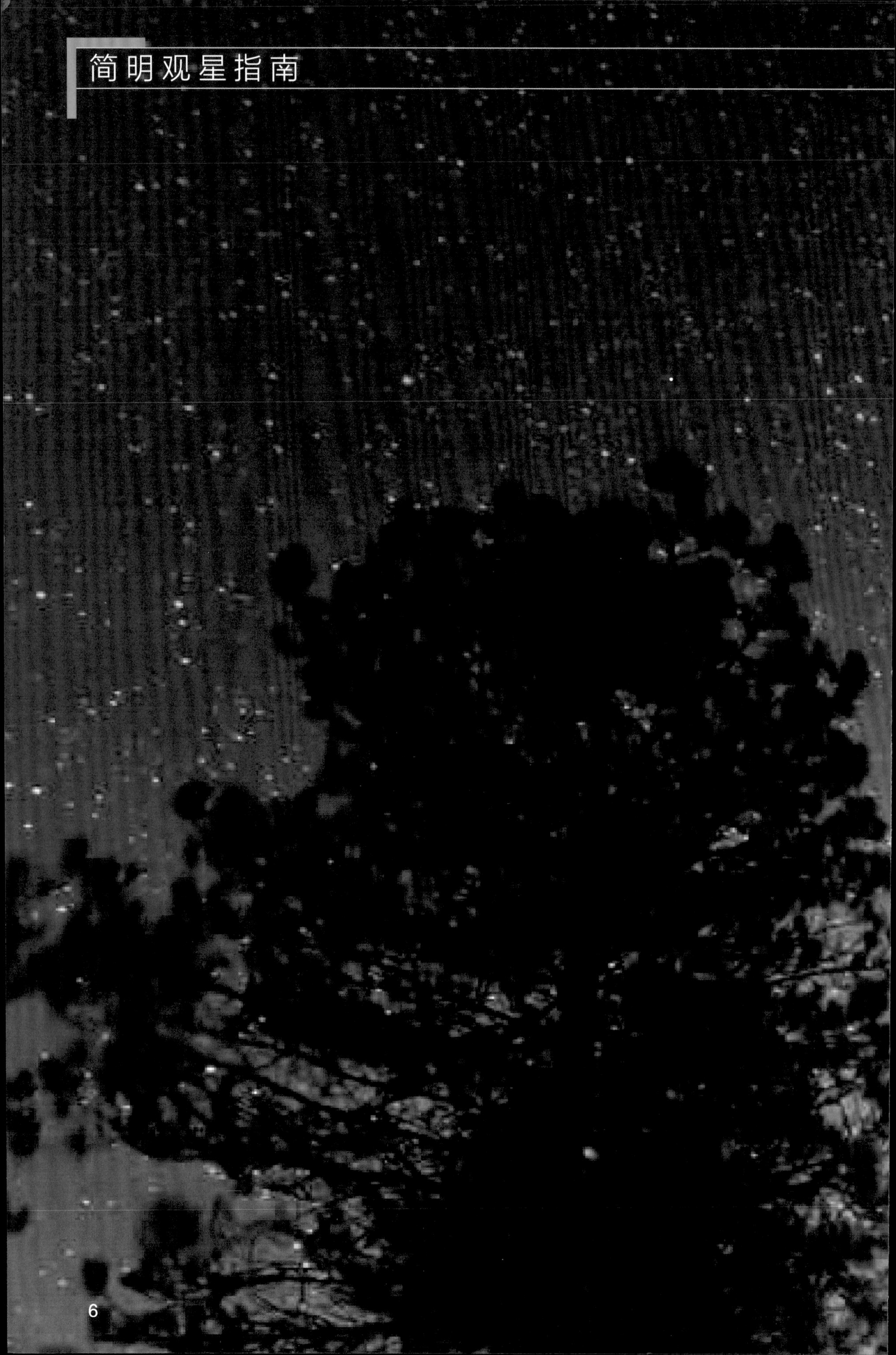

认识夜空

夜晚的天空是如此神奇诱人，又常常令人困惑——这就是为什么本书开篇将完全致力于帮助你学习基础知识。从恒星开始，我们将解释天文学家如何将天空中的这些亮点分门别类，我们又如何将恒星组合起来形成星座，并将它们作为确定方向的路标，以及如何定位星团、星云和星系这些深空的居民。

我们还介绍了一种以地球为中心，把围绕着我们的恒星视为在一个球面上的观测方法，这对于绘制夜空图和记录每夜的天象非常有用。

一旦你掌握了这些基本知识，你肯定会从观星中获益颇丰。我们还总结了一些实用的建议，如你第一个夜晚在外面可以做些什么，所有初学者都需要知道的一些小贴士，以及如何处理光污染等。

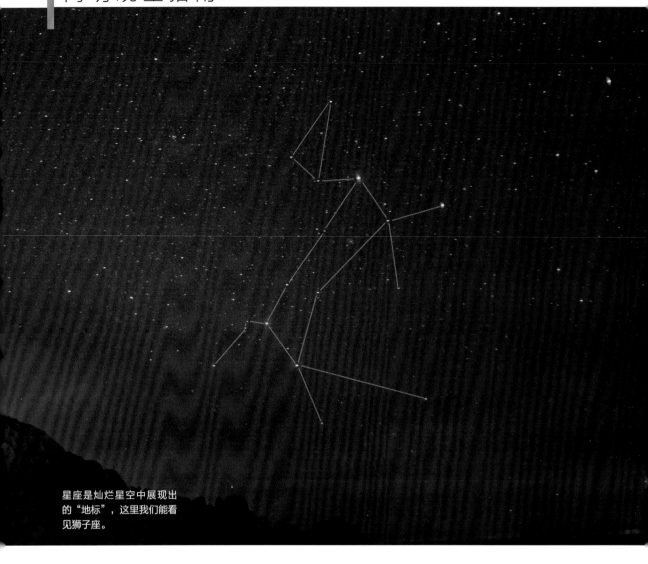

星座是灿烂星空中展现出的"地标"，这里我们能看见狮子座。

恒星、星座和星群

千年以来，天空中的一些图案一直在被观察并被神化着。

夜空中可以看到各种各样的天体：著名的行星、稀疏的星云、遥远的星系，以及彗星和流星等短暂的来客。不过，我们的观星之旅最好还是从恒星开始。

乍一看，天上的星星似乎数不清，而且真的可能是无穷无尽的。在晴朗的夜空，仅用肉眼你就能看到几千颗星星；而通过一个双筒望远镜或一个小型天文望远镜，你就能看到上万颗

星星。你能看到的所有恒星都存在于银河系，它是包含了大约两千亿颗恒星的家园。

恒星是内部发生核聚变反应的热等离子体球。核聚变将质量较轻的元素转化为更重的元素，如氢转化为氦，然后通过一系列的反应循环转化为碳、氮、氧，再转化为铁，释放出能量，使恒星发光。

闪耀的惊喜

如果目光扫过夜空，你会注意到，并非所有的星星都闪耀着同样的光芒，也不是所有的星星都有同样的颜色。星星是由多彩的金黄色、温暖的橙色、闪耀的蓝宝石色和鲜艳的红色组成的闪闪发光的队列。事实上，我们看到的不同颜色取决于每颗恒星的表面温度：温度越高，发出的光就越

接近蓝色。恒星在其生命的中期会变得更接近黄色，当它们开始耗尽燃料并最终冷却下来时会变成红色。凝视足够长的时间，你会注意到星星并非静止不动，而是在天空背景中逐渐移动的。再读几页，我们就会知道为什么会这样。

天空被分成称为星座的不同区域，每一个星座的划分都是基于一种民间传说或神话中的物体、动物或人物的图案组合。有些图案大而明显，而有些图案较小并且明亮的星星较少，需要一点想象力才能理解它们是基于什么命名的。

构成每个特定形状星座的恒星不一定彼此接近——事实上，它们中的许多相距遥远，只是从我们站在的地球上看来，它们在天空中看起来相距很近。

星座类型

现代天文学中有 **88** 个公认的星座，由它们一起覆盖了整个天空。这些并不是曾经存在过的所有的星座，更多的星座已经消失在黑暗中，被分割或丢弃。但这 **88** 个星座是你需要知道的，大多数人至少会知道 **12** 个星座，它们组成了黄道十二宫（然而在天文学中，有 **13** 个黄道带星座，额外的一个是蛇夫座）。

因为星座横跨整个天空，从更广的意义上来说，这意味着每个天体都可以在某个星座内被找到。对于太阳系以外的天体，如星系和星云，它们所在的星座是"固定的"——它们总是出现在那个星座中。而太阳系内的天体，如月球和其他行星则似乎是在星座间移动的。

特别明亮和容易识别的恒星图案被称为星群，它们可以由单个星座内的恒星组成，也可以跨越多个星座。例如，北斗七星完全由大熊星座内的恒星组成，而夏季大三角则由天鹅座、天琴座和天鹰座中最亮的恒星组成。

正是这些明亮的图案，被天文学家们当作"路标"，帮助他们识别其他恒星，并找到通向深空中其他那些发着微光的居民的道路。

初学者的星座图

推荐给业余爱好者的北半球主要星座图。

大熊座

象征： 女神卡利斯托被宙斯嫉妒的妻子变成了一只大熊。
英国最佳观测时间： 全年（译者注：实际这是北半球中纬度国家的最佳观测时间）。
包含： 北斗七星，容易被分辨的开阳双星。

小熊座

象征： 阿卡斯，宙斯和卡利斯托之子，被嫉妒的赫拉变成了一只小熊。
英国最佳观测时间： 全年。
包含： 北极星。

英仙座

象征： 希腊英雄珀尔修斯。
英国最佳观测时间： 8 月至 4 月。
包含： 大陵五星，初学者最好认的变星；英仙座流星雨。

仙女座

象征： 安德洛梅达（希腊神话中的埃塞俄比亚公主），她被绑在一块岩石上准备被鲸鱼座吃掉。
英国最佳观测时间： 8 月至 12 月。
包含： 梅西耶天体 M31，银河系的"老大哥"星系，距离地球 250 万光年。

猎户座

象征： 猎户座是海神波塞冬和蛇发女妖欧律阿勒的儿子，他是个有天赋的猎人。
英国最佳观测时间： 12 月至 3 月。
包含： 壮观的猎户座星云和猎户座腰带星群。

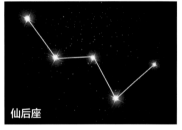

仙后座

象征： 卡西俄珀亚女王，仙女座公主安德洛梅达的母亲，她被送上天空以作惩罚。
英国最佳观测时间： 全年。
包含： W 形状。

飞马座

象征： 飞马珀伽索斯，海神波塞冬和美杜莎的后代，英雄柏勒罗丰忒斯的坐骑。
英国最佳观测时间： 8 月至 12 月。
包含： 飞马座大四边形。

武仙座

象征： 罗马神话中的英雄，源自希腊英雄赫拉克勒斯，他正举着他的大棒子。
英国最佳观测时间： 4 月至 10 月。
包含： 梅西耶天体 M13，它是北半球最亮的球状星团。

快速一瞥夜空你就会发现，
并非所有的星星都一样亮。

恒星的亮度和星等

知道并非所有的星星都一样亮将有助于你在夜空中确定方向。

偶尔夜空中会闪耀着光芒，这是一幅极棒的景象。在雨后或者别的时候，空气中的尘埃被清除了，星星看起来美极了。

这样的夜晚是真正值得纪念的，它展示了宇宙的美丽和庄严，更确切地说，展示了宇宙的一小部分。在这样的时刻，我们似乎能看到许许多多的星星，其中最精彩的星星看起来比平常更加引人注目。这种效应甚至可以发生在建筑密集的地区，由于空气清新，路灯照亮的范围没有那么大，因此光污染更少。

有一件事是显而易见的，那就是并非所有的星星都发出同样的光芒。有一些是非常明亮的弧形光芒，一些是中等亮度的，还有许多比较暗淡的恒星，相对难以辨别。

恒星看起来的亮度被称为"视目视星等"，你可以把它写成"视星等""目视星等"或"星等"，也可以把它缩写为"mag."，就像我们在本书中所做的那样。

星等标度的奇怪之处在于，编号系统是逆向的——恒星越亮，给出的数字就越低。所以一颗 mag.+2.0 的恒星比一颗 mag.+5.0 的恒星更亮。为什么有正号呢？那是因为有比零等星更亮的恒星——标度会扩展到负数。

为了弄清楚原因，我们要倒回到2000多年前，试想一下古希腊人是如何尝试理解天空的。

古希腊天文学

如果你能回到古希腊，你要去寻找天文学家和数学家依巴谷。他最初对夜空的想法可能与你一样：很明显，不是所有的星星和其他天体都有同样的亮度。

依巴谷称这种亮度的变化为"星等"，并以此为基础将恒星分为 6 组。他把最明亮的恒星归为 1 星等，把亮度稍暗的恒星归为 2 星等。以此类推，一直到 6 星等，这类星通常是肉眼能看到的最暗的恒星。

那时望远镜还没有被发明出来，所以用肉眼能看到的就是这些星。如今，我们不仅能看到比依巴谷能看到的更暗弱的天体，而且还能更准确地测量和重新确定依巴谷原来确定的星等。他发明的基本星等系统被原封不动地保留下来，但新与旧的结合带来了一些有趣的变化。

现在，我们认为一个星等和下一个星等之间的数学差异大约是 2.5 倍。这意味着 1 星等的恒星比 6 星等的恒星约亮 100 倍。通过这一过程，天文学家们意识到，在依巴谷的 1 星等的恒星中，一些恒星的亮度相差很大，因此，星等标度不得不向更亮的方向扩展，变成负数。所以夜空中最亮的恒星，即大犬座的天狼星，亮度是 **mag.−1.5**。

这一标度的暗端现在是无限制的，随着我们发现越来越暗的恒星，

为什么星等很有用

知道一颗特定的恒星、行星或深空天体的目视星等也能让你对它在天空中的模样有所了解。例如，你可以很容易地在小型望远镜中找到位于狐狸座的亮度为 mag.+7.5 的哑铃星云，但寻找英仙座中暗淡的 mag.+10.6 的小哑铃星云将是一个更大的挑战。观测还有许多其他的事情需要考虑，比如天体的大小和使用的器材，而目视星等是一个很好的出发点。

它的范围也在不断扩大——一个 **15.24 厘米（6 英寸）** 的业余望远镜可以观测到像 **mag.+13.0** 这样暗的天体，而哈勃空间望远镜则观测到了 **mag.+31.0** 的天体。

依巴谷设想的星等系统是恒星分类的一种方式，但今天我们将其应用于所有的天体。金星的亮度可以达到 **mag.−4.5**，满月的亮度可以达到 **mag.−12.7**，而太阳的亮度可以达到 **mag.−26.8**。

绝对令人难以置信

到目前为止，我们只讨论了视星等，也就是恒星在地球上看起来有多亮。它没有告诉我们一颗天体到底有多亮——它的 "绝对星等"。亮度随着距离的增加而降低，所以一颗非常亮的、在很远地方的恒星可能会比一颗离我们更近的暗弱恒星看起来更暗。以天狼星为例，如果它到地球的距离与太阳到地球的距离相同，它看起来就会比我们的太阳还要亮。

为了确定一颗天体的绝对星等，我们计算它在 **10 秒差距 (32.6 光年)** 之外的特定距离下的亮度。通过这样 "放置" 天体，我们可以 "看到" 它们之间的区别。

依巴谷和他同时代的人对这样遥远的距离一无所知。仅仅靠仰望星空，并不能轻易地发现距离的区别。所有天体看起来都离地球一样远。绝对星等让我们对一颗天体的真实性质有了一些了解，但它与其在望远镜中呈现出的模样无关。令人高兴的是，大多数星图和观测指南都将天体的视星等作为标准。

能看到的最暗的恒星

- 在有光污染的夜空最暗可见：mag. +3.0。
- 在黑暗的观测地点最暗可见：mag. +6.5。
- 用 10×50 的双筒望远镜最暗可见：mag. +9.5。
- 用 15.24 厘米（6 英寸）天文望远镜最暗可见：mag. +13.0。

最明亮的 10 颗天体

北半球夜空中最明亮的天体。

月球
mag.−12.7

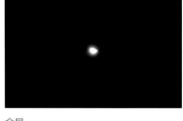

金星
mag.−4.5（最亮时）

火星
mag.−2.9（最亮时）

木星
mag.−2.8（最亮时）

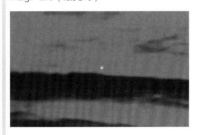

水星
mag.−1.9（最亮时）

天狼星（大犬座阿尔法星）
mag.−1.5

土星
mag.−0.2（最亮时）

大角星（牧夫座阿尔法星）
mag.0.0

织女星（天琴座阿尔法星）
mag.0.0

五车二（御夫座阿尔法星）
mag.+0.1

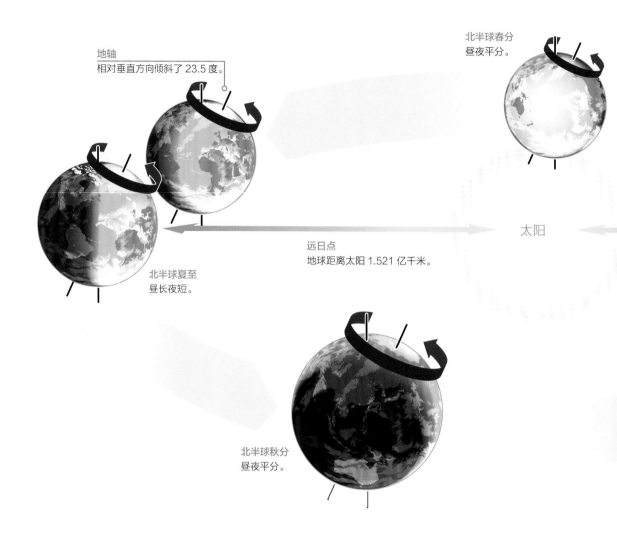

地轴
相对垂直方向倾斜了 23.5 度。

北半球春分
昼夜平分。

太阳

远日点
地球距离太阳 1.521 亿千米。

北半球夏至
昼长夜短。

北半球秋分
昼夜平分。

为什么星星会移动

地球本身的运动让星星看上去是在天空中移动。

　　我们认为地球在自转，并绕着太阳公转。我们也必须这样认为，因为当我们的星球在太空中穿行时，我们任何人都无法感受到它的旋转或速度。

　　回想一下在你 7 岁的时候，当你被告知太阳穿过天空是因为地球每天绕地轴自转一次，你还没来得及反应过来就又被告知地球绕太阳转一圈需

要一年。

　　在这种情况下，一天就是一个太阳日，我们的行星地球自转一周所需的时间是 24 小时。而地球绕太阳公转一圈，则需要一年的时间。地球绕地轴自转给我们的印象就是太阳和其他所有天体都在天空中运动。

　　许多人认为地球经历四季是因为它与太阳的距离在变化。地球和太阳

之间的距离也确实在变化，我们星球的轨道轨迹略如椭圆（压扁的椭圆形）而不是圆形，这导致地球离太阳最近的点（近日点）的距离和其离太阳最远点（远日点）的距离相差 500 万千米。你可能会很惊讶，在北半球的冬季时，地球在公转轨道上距离太阳最近，近日点一般发生在 1 月 3 日左右。

　　季节的产生是由于地球绕着太阳

地球绕太阳的公转之旅

当地球绕太阳公转时，地球绕着倾斜的自转轴转动。这样北半球和南半球只会有一个半球能获得更多的阳光直射，从而造成了四季更迭。

近日点
地球距离太阳 1.471 亿千米。

北半球冬至
昼短夜长。

白天和黑夜
地球每 23.93 小时绕地轴转一圈。

一年
地球绕太阳公转周期约为 365.26 天。

12 月 15 日，晚上 7 点

1 月 15 日，晚上 7 点

3 月 15 日，晚上 7 点

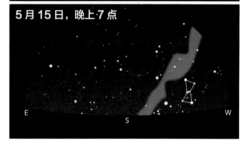

5 月 15 日，晚上 7 点

地球在太空中的运动导致星星每天晚上提前 4 分钟升起，这会导致星座在一年中的移动。

公转时，它还绕着一个倾斜的地轴自转，从而改变了全年照射到每个半球的日照时间。地球仪模型显示：地轴相对于公转平面的垂直方向倾斜 23.5 度。上图中，你可以发现这个倾斜与我们绕太阳的公转轨道有关。

天壤之别

当北极向太阳倾斜 23.5 度时，南极在相反方向有同样的倾斜角度。对于北半球来说，这一天（夏至）的白昼时间最长，而对于南半球来说，这一天（冬至）白昼时间最短。6 个月后，倾斜发生了逆转，南极向太阳倾斜，北极向反方向倾斜，这标志着北半球白昼最短的一天和南半球白昼最长的一天的到来。当地球绕着太阳运行时，它的自转轴地轴相对于太阳总是向同一个方向倾斜。

地球的运动不仅仅创造了季节，也解释了为什么我们看到的星座会发生变化。我们此前提到过一个太阳日是 24 小时，但地球的自转周期实际比 24 小时短了近 4 分钟——也就是只需 23 小时 56 分钟，天空中的星星就会回到相同的位置，而这样的一天被称

为恒星日。造成这种差异的原因是，从一天到第二天，地球完成了它绕太阳公转轨道的 1/365。所以每天晚上，如果你朝正东看，你会看到一个稍微不同的空间区域。

太阳日和恒星日之间的时差虽然很短，但这会导致星星每天提前 4 分钟出现。几周或几个月后，这会导致夜空中可见的星座发生变化。而 12 个月后，这些星星将会回到一年前的位置。

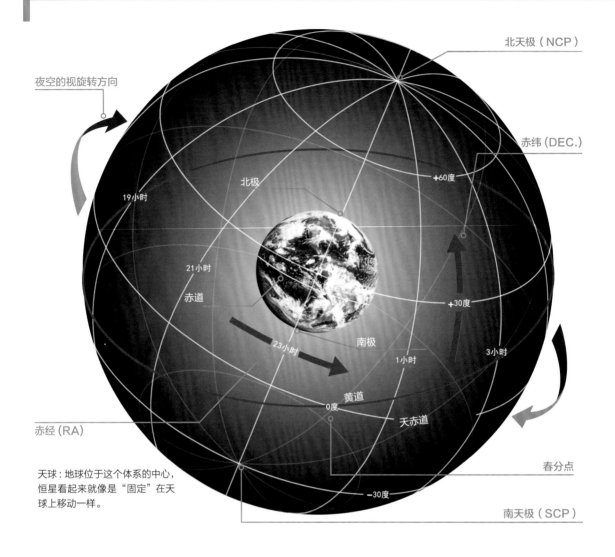

北天极（NCP）

夜空的视旋转方向

赤纬（DEC.）

北极

+60度

19小时

21小时

赤道

+30度

23小时

南极

1小时

3小时

黄道

0度

天赤道

赤经（RA）

春分点

天球：地球位于这个体系的中心，恒星看起来就像是"固定"在天球上移动一样。

−30度

南天极（SCP）

天球

跨越天空的假想线条让定位恒星就像阅读地图一样简单。

在太空中，单颗恒星之间的距离远得令人难以置信，但现在，你可以先忘掉这一切。尽管我们可以坐在花园围栏里拿着一杯茶慢慢地讨论这一点，或者它能帮助你赢得一个棘手的酒吧竞猜游戏，但是知道天鹅座的天津四到地球的距离是天琴座的织女星到地球距离的 **70** 倍并不能真正帮助你了解天文学。

事实上，天体距离我们都很远，为了便于观察，我们可以把它们都看作是处在相同的距离上。这一点也适用于数十亿光年外的遥远星系，就像它适用于几十万千米外的月球一样，

同样也适用于距地球几百千米的人造卫星。

假设所有物体都处在同一距离上有什么意义呢？它使我们能够借此描述一个天体相对于其他任何天体的位置，并同时确定它在天空中的位置。这一切都是通过一个被称为"天球"

的假想结构来完成的。

我们把地球看成一个有南北两极的球体，天球也是如此，它是一个更大的，以地球为中心，有着自己的南北两极的球体。这些极，即我们所知的南天极（SCP）和北天极（NCP），位于它们在地球南北极的对应点之上。

如果你站在地球的北极，直接向上看，你会看到北天极。巧合的是，有一颗 mag.+2.0 的恒星非常接近北天极，这颗恒星就是位于小熊星座的北极星，它是北半球任何位置上的北天极标志。

在地球赤道的正上方是天赤道，这是一个假想的把天球分割开的圆。在地球两极向地平线看去，出现的恒星位于天赤道上。在地球的赤道上观测，天赤道会从地平线东方直接延伸到地平线西方，在你头顶上形成一个弧形，天球的两极位于你的南北地平线上。

在一年的时间里，赤道上的观测者可以看到整个天球，而两极的观测者只能看到天球的一半。在地球两极和赤道之间的任何一点，你都能看到

为什么天文学家需要用赤经和赤纬

这些刻度盘能帮助你跟踪天体，它们替代了自动寻星装置。

许多受欢迎的观测目标都是很小或很微弱的，即便使用星桥法我们也很难通过目镜将其定位。利用赤经和赤纬坐标系统，我们可以很容易地找到这些难以寻找的天体。某个天体的坐标通常可以从不同的来源找到，如星图、网络搜索、天象软件或手机应用程序等。如果你有自动寻星系统，就能计算出其数据库中有的任一天体的位置，并自动指向天空中的正确位置。然而，你也可以使用手动赤道仪上的刻度盘。首先，在你的目标附近找到一颗明亮的星星，仔细地输入坐标并检查其位置。移动赤经和赤纬刻度，直到它们与目标的坐标相匹配，再通过低倍率目镜进行观测。

赤经和赤纬的说明

每个天体都有其以赤经和赤纬表示的天体坐标。例如，天鹅座天津四的坐标是赤经 20 小时 41 分 25.9 秒，赤纬 +45 度 16 角分 49 角秒。

在赤纬中，1 度在天空中是一个相当大的单位——实际上是满月的两倍数！所以，1 度分为 60 角分，每个角分又分为 60 角秒。数字前面的 + 或 − 表示它是在北半球（+）还是南半球（−）。

赤经是以小时、分、秒的形式书写的（与常规时间相同，而不是以弧度的形式）。赤经 1 小时描述了由于地球自转 1 小时而造成的天空运动——15 度，因为 15 乘以 24（小时）等于 360 度，因此 24 小时代表了天空运动了一圈。

毋庸置疑，所有的星图都是由赤经赤纬分隔好的，因此不需要进行任何转换，只要画出位置，你就会找到天津四。

来自两个半球上的一些恒星。

天球上还有第二条重要的线需要你注意，叫作黄道，它代表了太阳全年的轨迹。我们将在这里讨论黄道为何如此重要：因为地轴相对于公转轨道倾斜 23.5 度，这也是黄道相对于天赤道的倾斜角度。

坐标描述

在天球上绘图和在地球上绘地图相似。你们应该还记得，在学校的地理课上，我们用纬度和经度来确定地球上的位置。赤道是最著名的纬线，也是测量北或南坐标的起点，我们称之为纬度 0 度。我们使用度，因为当我们在地球上或在天球上定位时，使用的是角度测量。当我们沿着地球向北或向南移动时纬度增加，在北极达到最大值 90 度 N 或在南极达到最大值 90 度 S。

与此同时，经线从北极开始，沿着地球"向下"运行，穿过赤道，在南极结束。它们在平面上从东到西定位物体，也用度来测量。经度会跨越赤道一周所有的点（一个圆），总共有 360 度。实际上，我们向东或向西各

移动 180 度，最终相加刚好为 360 度。

对于天球，我们把整个地球的经纬度网格抛向天球——得到一个翻版的图像。我们没有直接使用天体纬度和天体经度这种名称，这没有什么特殊原因，对这一切了解的比较清楚的人使用了别的名称。所以我们有了对应纬度的"赤纬"和对应经度的"赤经"这样的名称。我们可以用这些坐标来描述夜空中任何天体在天球上的位置。

赤纬表示一个天体在天赤道上方或下方的相对位置，并以度，角分和角秒来表示。赤经是以小时、分钟和秒为单位，从天球上被称为春分点的那一点向东度量角度的，春分点是整个天球网格的零点。它也是 3 月春分太阳在天球上的位置，太阳在这一天通过春分点穿过天赤道——3 月的这一天昼夜几乎等分。

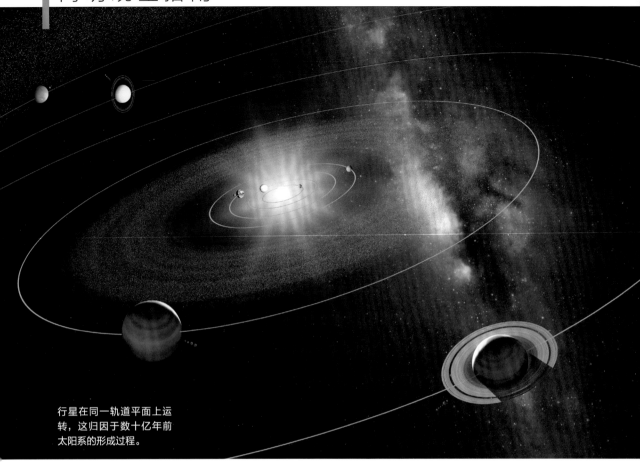

行星在同一轨道平面上运转，这归因于数十亿年前太阳系的形成过程。

黄道

黄道是太阳的运行轨迹，是天文学家用来划分夜空的两条重要线条中的第二条，你可以在它的附近找到太阳系的其他行星。

直到 17 世纪初，太阳绕地球运转的观点仍被大多数人完全接受。我们的祖先想当然地相信地心模型（以地球为中心）的原因在于，这就是我们的天空看起来正在发生的情况，或者说看起来似乎就是这样。

从我们的星球上看去，在一年的时间里太阳都在围绕着我们运转。正如我们现在所知道的，事实并非如此。我们的地球和太阳系中所有其他行星一样，都绕着太阳运行。但是这种太阳绕地球运转的错觉形成了天空中最重要的标志之一，即我们称之为黄道的那条线。

黄道是太阳在天空中运动时留下的一条看不见的轨迹。你可以这样想象：如果太阳像宇宙中的汉塞尔和格莱托（译者注：歌剧《奇幻森林历险记》中的人物）一样，把面包屑撒在身后，它就会留下这样的痕迹。我们总是可以在黄道上找到太阳，而黄道也代表着别的东西——地球的公转轨道平面。

盘的形成

太阳系中所有的行星都有着与地球类似的公转轨道平面。数十亿年前，当太阳系形成时，围绕着我们这颗新生恒星的尘埃和气体在引力的作用下被吸进了一个圆盘。我们今天所知道的行星都是在这个圆盘内形成的，因此它们都有着类似黄道的平面。简单地说，当行星可见时，它们总是靠近黄道这条轨迹的。

正是这种太阳和行星的"共面"性质使得许多吸引天文学家的事件经常发生。当我们的月球和太阳排成一

"行星都是在圆盘内形成的，因此它们都有着类似黄道的平面。"

条直线时，我们会看到日食。当某颗行星与另外一颗行星或是月球出现在天空中同一区域时，我们称之为合。即使是看似罕见的事件，如（金星）凌日，实际上也是被非常频繁使用的天文术语。

昼夜等分

黄道与天赤道相交的两点标志着昼夜时间大致相同的时刻。这两个点被称为二分点，来自拉丁语，意思是"昼夜等分"。在北半球，3月中旬时的春分预示着春天的到来，而9月中旬时的秋分则预示着秋天的开始。在轨道上的这两点时，地球相对于太阳没有倾斜。

从3月的春分开始，白天慢慢变长，直到6月中旬，地球到达其轨道上相对于太阳倾斜最大的点——夏至点。在北半球，这是一年中白天最长的一天。在这一点上，黄道和天赤道相距最远。

6个月后，也就是12月中旬，又到了冬至，此时两极相对于太阳的倾斜度完全颠倒。在北半球，这是一年中白天最短的一天。

行星冲日

当太阳、地球和另一颗行星形成一条线，而地球在中间时，另一种太阳系共面形成的结果——冲（日）就发生了。从我们的角度来看，这颗行星在天空中与我们的恒星太阳处于相反的位置。因此，只有那些公转轨道距离太阳比地球更远的地外行星才会形成冲。

处于冲位置的行星通常离地球最近，因此看起来比其他任何时候都更大，由于它正对太阳，因此行星也会比平常更亮。

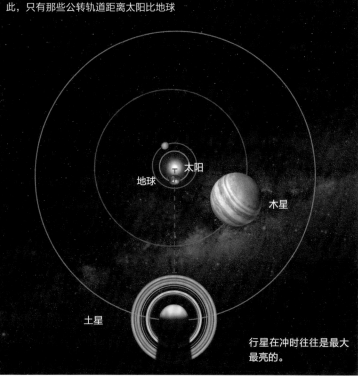

行星在冲时往往是最大最亮的。

黄道的变化

太阳总是位于黄道上，所以在任何晴朗的日子里都能很容易地指出黄道的位置。纵观全年，我们知道太阳——同时也是黄道——在夏季白天的天空中更高，而在冬季则更低。但是晚上呢？如果能够找到夜幕降临后天空中黄道的位置，那你就能找到你可能发现行星的位置。

夏季晚上10点：黄道位置较低，与地平线的角度较小。

黄道

西

春季
黄道在早上位置较低，在晚上它从东到西横跨天空，让黄昏的天空成为观看水星和金星的最佳时间，因为这两颗行星从不远离太阳。

夏季
在夏天，黄道在黄昏时仰角较低，因此行星都陷入大气的黑暗中。黄道的方向在晚上从西北转向东南，早上从东北转向西南。

冬季晚上10点：黄道的角度完全不同——高而陡。

黄道

西

秋季
与北半球春天的景象相反，黄道在傍晚位置较低，但早上它则从东到西横跨天空，使得清晨成为观看水星和金星的最佳时间。

冬季
黄道在夜晚高度相当高，黄道的高度会越来越高，在午夜达到最高点。这是观察行星的好时机，因为此时观测受到大气的影响较小。

星星的名字和星图

了解天文学家如何命名恒星对我们在天空中把握方向至关重要。

在从地球上可以看到的数千颗恒星中，只有几百颗被赋予了专有名称，其中大部分是古代天文学家提出的。许多名称都是基于阿拉伯语短语的音译，而这些短语描述了恒星在星座中的位置——例如，英仙座的大陵五（Algol）源自"Ra's al Ghul"，意思是"恶魔的首领"。它代表被英雄珀尔修斯高高举起的蛇发女妖美杜莎的眼睛。其中一些亮星的命名完全是基于它们自身的优点，比如天狼星，它是天空中最亮的星星，这个名字来源于一个古希腊单词，意思是"烧焦的东西"。

我们所掌握的大部分关于希腊人的思想和星座规划的信息，都来自于大约公元 150 年由数学家和天文学家托勒密撰写的一部多卷巨著 *Almagest*(也被称为《天文学大成》)。1000 年后，这本"书"传到了意大利，并被翻译成拉丁文，这就是为什么我们有拉丁名字的星座，直到今天。

直到 17 世纪初，这仍然是唯一被我们广泛接受的恒星命名，但德国天文学家约翰·拜耳在 1603 年出版了他的恒星星图《测天图》，改变了这一体系。为了向早期的天文学家表示敬意，他用希腊字母为星座中最亮的恒星命名——通常，最亮的是阿尔法（Alpha），然后是贝塔（Beta），一直到欧米茄（Omega）。所以天狼星在大犬座——也被称为大犬座阿尔法（α）。希腊字母穷尽后，他又使用拉丁字母。

归属感

你会注意到，当用来描述一颗恒星时，星座名字的拼写是不同的。这是星座名称的属格形式，意思是"属于"。所有的星座都有这个拉丁词的所有格，例如"Geminorum"表示"属于双子座"。它们也有 3 个字母的缩写：大犬座（Canis Major）的所有格是 CMa，所以你可能会看到天狼星被称为"α CMa"。

我们说阿尔法星"通常"是最亮的，因为在少数情况下，拜耳要么弄错了，要么是他用了不同的约定方式。例如，在猎户座中，参宿七就比参宿四更亮，但参宿四是猎户座的阿尔法

拜耳的《测天图》使用的恒星位置数据比托勒密使用的数据更精确。

星，表面上是因为拜耳认为它们的亮度相似，但由于参宿四会首先升起，所以简单地将其命名为阿尔法星。

拜耳的方法不是唯一的恒星星表——事实上几乎夜空中的每一颗恒星都是这个或那个星表的一部分，但拜耳的星表是被引用得最广泛的。在

就像希腊语一样

了解希腊字母表是很有价值的，这样才不会把拜耳命名当作鸡蛋、鱼，还有你们在数学课上胡乱写的符号。

α	β	γ	δ	ε	ζ	η	θ	ι	κ	λ	μ
Alpha	Beta	Gamma	Delta	Epsilon	Zeta	Eta	Theta	Iota	Kappa	Lamda	Mu
ν	ξ	o	π	ρ	σ	τ	υ	φ	χ	ψ	ω
Nu	Xi	Omicron	Pi	Rho	Sigma	Tau	Upsilon	Phi	Chi	Psi	Omega

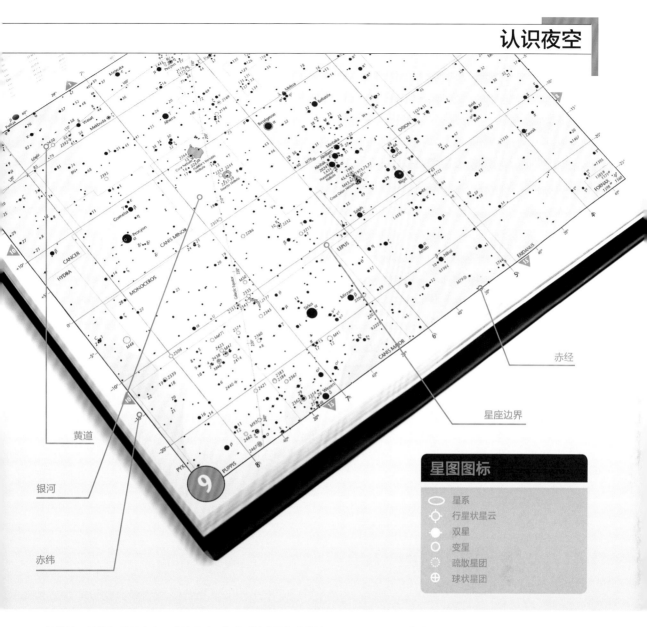

黄道

银河

赤纬

赤经

星座边界

星图图标

○ 星系
◇ 行星状星云
● 双星
○ 变星
◌ 疏散星团
⊕ 球状星团

其他数不清的恒星星表中，也许最有用的要属约翰·弗兰斯蒂德的星表，他根据星座来组织恒星，并给它们指定一个数字。在这个方案中，天狼星是大犬座 9 号。

星图到星图

这就是恒星的命名方式，但你如何把这些知识应用到夜空中呢？答案是查阅星图。恒星最常见的标志就是他们的拜耳名称，或者在没有拜耳名

称时的弗兰斯蒂德编号。

在星图中，你会马上注意到，明亮的恒星是由最大的点表示的。虽然所有的星星都是真实夜空中的光点，但在打印出来的纸张上，不好用其他任何方式显示它们的亮度。此外，如果你的星图碰巧是圆形的——就像天文杂志上经常看到的每月的全天星图一样，请注意星座会在边缘出现扭曲。当一个三维的天空穹顶被夷平时，地平线上的天空就会被拉长，这就意味

着恒星的图案与天空中的不匹配。

尽管当你想了解天空时，星图是至关重要的——但它们不仅仅是恒星的位置和亮度。有了不影响星空全景图的符号，你可以识别亮度变化的恒星，或者与另一颗恒星一起出现的恒星，形成"双星"。根据不同的星图，其他天体如星云、球状星团和星系也可能会有额外的符号。

一个有用的星图应该有详细的不同图表。例如，可能有一般的季节图或月图，一些星座的特写，可能还有一些深空天体的位置图。星图还可以显示黄道和天球赤道，以及赤经和赤纬的坐标线。作为一个初学者，你可能会经常使用季节性或月度星图，所以要确保你喜欢它们的风格。

"拜耳用希腊字母标注星座中最亮的星星——通常用阿尔法（Alpha）表示最亮的星星。"

好了，你在北半球找到了一个很好的暗夜观测点，这也是你第一次观星之夜，那么你该从哪里开始呢？

当然是北斗七星，它是一个由7颗明亮的恒星组成的可识别的图案。在英国的天空中，它永远不会低于地平线。

在户外和夜晚的第一次亲密接触

利用北斗七星的指示来开始你的天文冒险，并使用它们来寻找北极星。

满天星斗、闪烁着点点光芒的天空，既令人困惑，又叫人着迷。一旦遇见一个晴朗的夜晚，你该从哪里开始观测呢？假如你生活在北半球的中纬度到高纬度地区，你的第一个目标是找到位于大熊座的星群——北斗七星。星群有着明亮的、可识别的恒星图案，这些恒星通常（但不总是）来自同一个星座。大熊座的这只熊碰巧看起来像一只平底锅，它标志着熊的尾巴和背部。

我们从这里开始的原因不仅是因为北斗七星很明亮，容易被找到，还

因为我们必须考虑地球的自转。就像太阳升起、掠过天空、落下一样，许多星星在晚上也做着同样的事情。在英国的纬度上来看，有些星星整夜都在地平线上，如北斗七星。当地球绕着太阳转的时候，我们也会看到星星

在夜间发生轻微的移动，这意味着一些星座在一年内会进出我们的天空。而北斗七星长期存在于夜空，全年可见。这样就意味着它是便于我们学习的星群，也是开始你观星探索和了解星空的好地方。

就像太阳升起、掠过天空、落下一样，许多星星在晚上也做着同样的事情。

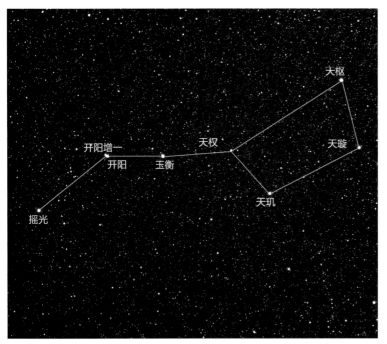

了解构成北斗七星的恒星：摇光，开阳增一和开阳双星，玉衡，天权，天玑，天枢和天璇。如果你想知道的话，这些恒星的名字都要归功于中世纪的阿拉伯天文学家（译者注：中文名字为中国特有命名）。美国则把它们称为云霄飞车。

一张以北极星为中心的长曝光照片展示了天空的旋转方式。

你可以在北方的天空中找到北斗七星。首先需要知道北是哪个方向，你可以用太阳来指引你：朝向太阳升起的方向北方在左边，或者朝向太阳落山的方向北方在右边。一天中太阳最高的位置是正南，正北当然与正南相反。或者，你也可以用指南针。

恒星命名

值得注意的是，北斗七星都有各自的独特名字，并不是所有的星星都这样。我们从斗柄弯处的星星开始，叫作北斗六（开阳）。它有一颗不太亮的伴星，它们一起形成了一对肉眼就能看到的双星。在开阳的左上方，约月球 1/3 角直径的地方，就能看见它的伴星开阳增一。这是在夜空等待你的众多双星中的第一对儿。

开阳和开阳增一都是白色的恒星，而在北斗的另一边你会发现第一颗彩色的恒星。在斗碗右上角的恒星呈轻微的橙黄色，这颗恒星被称为北斗一（天枢），它是北斗中最亮的恒星。要想看到它橙黄的色调，最好的办法是把它和北斗中它下面的那颗纯白色的北斗二（天璇）做比较。如果你把目光移到这两者之间，天枢的橙黄色就会很明显。

在知道天枢和天璇的位置后，你已经发现了夜空中最有用的两颗恒星。这两颗恒星被称为指针，因为通过它们可以很容易地找到北极星。我们将使用一种经过数千年检验的技巧来完成这项工作，这一技巧被称为星桥法。

从天璇开始，连接天枢画一条虚线，然后继续。你遇到的下一颗恒星就是北极星。不要期望出现一颗超级明亮的璀璨明珠——北极星不是如此。北极星只是一颗普通的恒星。它之所以出名，是因为它几乎就在地球北极的正上方，所以当我们的地球自转时，它几乎保持在相同的位置，而夜空的其余部分则围绕着它旋转。

这只是一个开始。从北斗七星，从你刚搭建好的发射台出发，你可以探索更多的恒星和星座。

星桥法的奥秘

想找到你所想看的，其实并不需要完整记下夜空中所有的东西，你可以从一颗星星跳到另一颗星星去。

对于那些刚刚接触天文学的人来说，凝视晴朗的夜空，看到成百上千的光点，可能会有同样的困惑：我要如何才能在这些令人困惑的恒星中找到方向呢？

一种方法是买一个安装了自动导星装置的望远镜，只要按一下按钮，它就可以把你带到它数据库中的任何天体。但还有一种更简单的方法，这种方法经过了数千年的尝试和检验，经验丰富的观察者仍然用它来寻找我们肉眼看不到的天体。我们称之为星桥法。

明亮的恒星形成各种可识别的图案——星座、星群，甚至是简单的几何形状，我们可以把这些图案作为"跳跃点"，指向不太明显、较暗的区域或感兴趣的天体。

星桥法的关键是准确地估计方向和距离。对于方向来说，可以使用大致与你的目标对齐的恒星找，想象它们之间有一条线，然后沿着这条线到达你的目的地。或者，如果你知道你的目标离另一颗恒星的角距离（角度是多少），你可以用你的手来估计这些距离。伸出手臂，你的手将是一个基本的角度测量器，可以简单地近似估计从 1 度到 25 度的角度。

当你把这些技能应用到双筒望远镜或望远镜上的导星镜上时，要确保你知道观测设备视场的角直径，因为你可以用它来估计角距离。

令人惊讶的尺寸

你需要练习的一件事是把星图的比例尺和天空的尺度联系起来。在天空中找到一个星座或星群，然后在你的星图上找到相同的星群：你可能会惊讶于它们在天空中看起来会有多大！现在，在你的星图上寻找其他突出的星群，并在天空中找到它们，试着记住相对的比例尺。颠倒星图再重复。慢慢来吧，你正在打下坚实的观测基础，这一基础将在你余下的观测生涯中为你服务。这里有一些可以帮助你开始的建议。

星空中的路标

北斗七星是非常重要的星群，它能为你指示出 4 个天区。

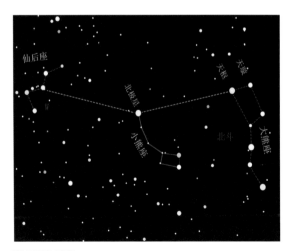

W 形的仙后座

你已经知道如何定位北极星了。现在继续沿着这条假想的线向前走同样的距离，你已经从北斗七星里出来了，稍微向右弯一点，你就到了仙后座，星座里的恒星组成了看起来像 W 的形状。

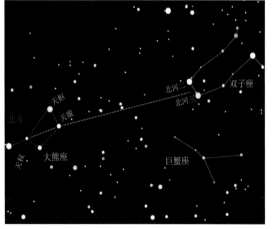

双子座的北河二和北河三

要到达双子座的主要恒星北河二和附近的北河三，需要从北斗七星中的天权出发。斜对着画一条假想线朝向天璇，然后继续前进。在前往双子座两颗星的半路附近，你会经过组成大熊星座前爪的两颗星。

在猎户座腰带上应用高级星桥法

肉眼

沿着猎户座的腰带向西北画出 22 度的一条线，你会发现明亮的橙色星毕宿五在 V 字形毕星团的顶点上，毕星团是一个疏散星团。现在将这条线继续拓展 14 度，你会发现通常被称为七姐妹星团的疏散星团——昴星团。

肉眼

位于猎户座腰带东南方向大约 20 度的是天狼星，它和参宿四一起都是冬季大三角的一部分。想象天狼星和参宿四是等边三角形底部的恒星，那么在另一个顶点上的就是第三颗星——南河三（小犬座 α 星）。

双筒望远镜

从天狼星出发，向离南河三方向 5 度看过去，在那里你会发现大犬座 θ 星。再往前差不多同样的距离就是疏散星团 M50，它是出现在你的双筒望远镜里的一个模糊的小块。

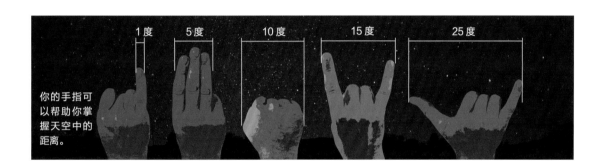

你的手指可以帮助你掌握天空中的距离。

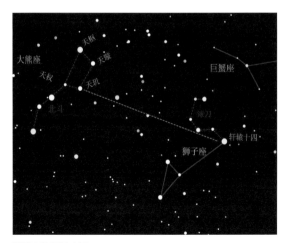

狮子座的轩辕十四

要到达狮子座，你也可以从天权开始，但这次是沿着一条线穿过天玑——北斗勺子底部的那颗星。沿着这条线走下去，你会看到狮子座最亮的星星轩辕十四。从轩辕十四出发，你能画出狮子的头——钩状星形的镰刀。

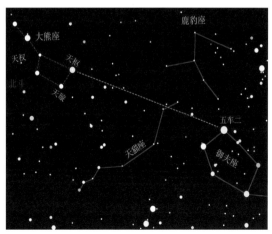

御夫座的五车二

寻找御夫座要从天权出发，但这次要走一条向右经过天枢的路。在经过了包括非常微弱的鹿豹座在内的一片空旷天区之后，你最终会到达黄色恒星五车二，它是御夫座最亮的恒星。

观星的正确姿势

在星空下度过美好的第一个夜晚的实用建议。

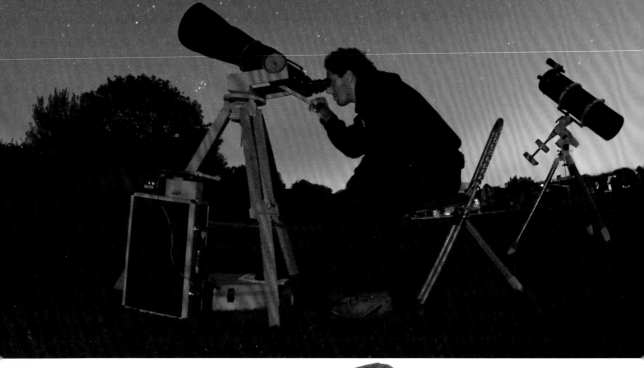

1. 不需要任何器材

人们普遍认为，要成为一位"真正的"天文学家，需要有一个望远镜。这完全是错误的，光凭肉眼你就能看到很多东西——从星座到流星雨，从银河到偶尔出现的星系。如果你想更进一步，可以考虑在购买天文望远镜前买一个双筒望远镜——这样你可以在夜空中看到更多的天体，而不需要考虑器材的实用性。

2. 穿得尽可能暖和

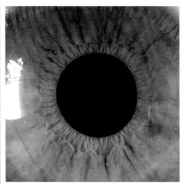

我们知道这是明摆着的事情，观测夜空需要长时间地保持静止，所以预防寒冷是很重要的。多穿几层薄衣服是个好主意，防水鞋、帽子和手套也不错。如果你需要翻页或者操作器材（尤其是触摸屏），无指手套可能是最好的选择。

3. 找个可以躺着的东西

如果你站着不动，盯着天空看，你会发现脖子在很短的时间内就会疼。所以，可以找寻一些你可以躺在上面的东西来彻底地避免疼痛。庭院躺椅、太阳椅、甚至老式的折叠式躺椅都是理想的选择，即使你只有一张露营地垫、一张瑜伽垫或一条铺在草地上的毯子，你的脊椎也会感激你的。

4. 让你的眼睛适应黑暗

这是至关重要的。如果你从一间灯光明亮的房间走出去，你可能只会看到少数星星。等一会儿，让你的眼睛适应黑暗（最好是 30 分钟），你会发觉有难以置信的不同，你可以看到更暗淡的星星。

6. 带上红光手电筒和指南针

你的眼睛已经适应了黑暗，但你还是想看看星图，并确保不会踩到刺猬。解决方案是红光手电筒，因为适应黑暗的眼睛对红光的敏感度远远低于对白光的敏感度。你可以买到专用的红光手电筒，或者自己动手做一个，在普通的手电筒前面固定一片红色的醋酯纤维片。指南针则可以帮助你找到北方，它不仅在使用星图时有用，而且在安装望远镜时也很有用。

5. 挑选一幅星图

我们每个月都会在 BBC《仰望夜空》杂志上发表一幅星图，它们是很好的了解夜空的途径。你可以从识别亮星的图案开始，可以从这些亮星开始逐渐了解它们附近的星座。用不了多久，你就会熟悉它们，并且能够在没有参考书和星图的时候也能识别夜空中的星星。这些星图也常常列出一些著名的深空天体的位置，由于它们较为暗弱，因此很难定位。

7. 避开人造灯光

确保你所在的观测地点能遮蔽所有的灯光，因为灯光会阻止你的眼睛适应黑暗。如果你能到郊外去，那就好好地利用这片漆黑的天空吧——真的会有很大的不同。

8. 花一些时间

事实上，还有很多事情需要你去思考，没有人看到夜空就能够立刻明白如何识别星空。就连帕特里克·摩尔爵士（译者注：英国著名的业余天文学家）也不能例外，他也只能通过每晚识别一个新的星座来做到这一点。

高级技巧

利用这些技巧可以更好地观察夜空。

眼角余光法

在使用双筒望远镜或天文望远镜时，眼角余光法能够使用周边视觉更容易地看到微弱的天体。这种方法能够让你使用你眼睛中更为敏感的视杆细胞来从侧面观察目标，而不是直接盯着目标观看。

一个练习使用眼角余光法的好方法是寻找闪视行星状星云，其编号为 NGC 6826（赤经 19 小时 44 分 48 秒，赤纬 −50 度 31 角分 30 角秒）。当使用小型天文望远镜直接观测时，星云中明亮的中心恒星会淹没整个视野；而当观测者使用眼角余光法来观看时，星云的本体就会显现出来，随着观测者改变视角，星云看起来就像会"眨眼"。

极限星等

了解在你所居住的地方能看到的最暗弱的星星是非常有价值的——换句话说，就是你头顶上空星星的极限目视星等。

随着光污染的增加，你能看到的星星数量也在减少。如果光污染非常厉害，那么你可能只能看到二等星，甚至更糟，只能看到屈指可数的几颗最亮的星星。

一种确定你的极限星等的方法是利用飞马座的大四边形——它由 4 颗恒星构成，其中最暗的恒星为 mag.+2.8。你需要等你的眼睛完全适应黑暗后才能准确地确定极限星等，所以最好提前 15 分钟出门去适应黑暗。然后，你要只用肉眼来寻找飞马座大四边形，数一数你在四边形里面能够看到多少颗星星。如果你一颗都看不到，那么你的极限星等最多为 mag.+4；如果你能看见 3 颗，那么你所在观测地点的极限星等就是 mag.+4.75；5 颗意味着极限星等为 mag.+5.25；9 颗则是 mag.+5.75。如果你能一直数到 13 颗，那么你可以看到暗于 mag.+6.0 的星星。

多测试几个晚上，你会发现每次大气条件都会各不相同，这会影响你的测试结果。

用飞马座四边形来确定极限星等的一种方法，也可以利用昴星团来进行计数。

室宿二

仙女座

壁宿二　　　　飞马座大四边形　　　　室宿一

飞马座

双鱼座

壁宿一

视宁度和大气透明度

大气的运动在很大程度上会影响你观察恒星和行星的能力。

天气通常被认为是天文观测的最大障碍。你出发观测的那天晚上天气会变坏吗？当天空终于放晴的时候，你的问题就会解决吗？然而，令人惊讶的是，即使是晴朗的夜晚，也可能不是外出观测的最佳时间。

问题的关键是对"视宁度"的定义。在天文学中，"视宁度"并不意味着你看待某物的方式。这个术语描述了你通过望远镜看到的景象被你上方的大气层所干扰的程度。

在视宁度好的时候，你通过望远镜会得到清晰、稳定的图像。但视宁度不好时会产生湍动的、不稳定的月球望远镜像，以及颤抖摇晃的恒星图像。另一方面，像星系和星云这样的深空天体并不会因为"视宁度差"而受到严重影响。

这要源于你和你所观测的物体之间流动的空气层，这些空气层的作用被你的望远镜放大了。在大气中，不同温

"由于阳光穿过湍动的空气，日落会呈现锯齿状。"

度的空气总是在移动并是混合在一起的。光以不同的速度在冷和热的空气中传播，因此在最终到达你的望远镜之前，光会不断发生弯折。

很少会有清晰的时刻。体验这种图像畸变的最好方法之一是观看在一览无遗的地平线上落下的太阳。由于阳光穿过湍流的空气层，太阳看起来会呈现出锯齿状。

影响观测条件的另一个因素是夜晚的透明度——天空到底有多清澈。雨后的天空是透明的，因为雨水清除了空气中的灰尘和烟雾颗粒。不过，当下雨的时候，往往也会刮风，这也会影响视宁度，例如恒星会因为刮风而闪烁。然而，透明的环境对于像星云和星系这样的大而微弱的物体是有利的，它们确实得益于更好的对比度。透明度差通常意味着空气稳定，视宁度良好，但尘埃和颗粒仍停留在静止的大气中。这样的条件很适合看月球和星星。

想象一个游泳池，底部放着一枚硬币，这是思考视宁度和透明度的好方法。水代表我们的大气层，硬币代表你看到的星空。在没有水流完全静止的水中，硬币看起来是静止、锐利且清晰的。在这种情况下，视宁度是完美的，透明度也是完美的。如果让水动起来，引起涟漪，硬币的图像就会四处晃动，透明度仍然很好，但视宁度很差。如果一些牛奶溅到池子里，你就看不清楚硬币了，透明度就会降低。

这些都表明你受大气的摆布……也衬托出夜空清晰是件多么美妙的事情。

清晰的呈现

你无法改变"高层视宁度"（你上方的气流），但你可以影响"低层视宁度"，从而立即在你和你的视野周围创造出更稳定的空气条件。其方法如下。

1. 将你的望远镜置于室外，使其冷却到环境温度，并消除镜筒内的任何气流。

2. 在草地上观测，而不是在混凝土地上。混凝土从太阳吸收了更多的热量，并会将热量长时间地辐射到其上方的空气中。

3. 气流倾向于往地面流动，所以在平台上扩大你的视野是个好主意。

4. 如果你要建一个天文台，那就用木头等可以迅速冷却的薄材料。

5. 观测点的地理位置会影响空气的运动。靠近大海的空气会比靠近山脉的空气更平静，因为山脉上的空气会被迫向上运动，从而引起湍流。

使用安东尼亚迪视宁标度

当你观测的时候，记下视宁度是非常有用的。许多天文学家使用安东尼亚迪视宁标度来测量大气的变化。这是一个使用罗马数字的五分制标度。I 表示最好的条件，V 表示最坏的条件。

I 完美的视宁度，没有任何湍流的颤动。

II 有轻微闪烁，静止的时刻能持续几秒钟。

III 中等视宁度，更大的空气抖动模糊了视野。

IV 能见度差，图像起伏不定，麻烦不断。

V 严重起伏不定的图像，太不稳定了，连速写都不能进行。

你能看见多暗的东西？

大气条件对你能观测到的恒星的亮度有影响。在一个非常晴朗的夜晚，通过观测小熊座，用这张图检查你能看到的最暗的星星，算出你的极限星等。这是你在观测地能看到的最暗的恒星的星等或亮度——数字越大，恒星越暗。

NGC 188
北极星
小熊座
北极二（帝星）
北极一（太子）

5.0 4.2 7.1 6.5 2.0 6.3 6.7 5.6 6.4 5.9 5.2 4.7 4.4 4.8 4.2 6.4 4.3 4.3 5.2 4.1 5.6 8.0 5.5 5.4

在小熊座找到你能看到的最暗的恒星，算出你的极限星等。在完美的夜空下，你应该能够发现 mag.+6.5 的星星。

如何应对光污染

不要对你的观测地感到绝望——有很多方法可以对抗辉光和强光。

英国的观星活动正因被认可的暗夜而蓬勃发展。在 2015 年底，斯诺多尼亚国家公园面积达 2170 平方千米的大片区域成为威尔士第三个获得国际暗夜协会认可的地区，这意味着现在威尔士近 18% 的地区拥有因为没有光污染而得到认可的夜空。斯诺多尼亚国家公园加入了德文郡的埃克斯莫尔，邓弗里斯和加洛韦的加洛韦森林公园，以及英吉利海峡的萨克岛的行列，成为一个逐渐茁壮的俱乐部的最新成员。

这些地点对保护后代的天空来说是一个好消息，如果你足够幸运，能够生活在距离它们任何一个很近的地方，那么对开展天文观测来说也是一个好消息。但对于我们许多人来说，看星星是在后花园的保留剧目，那么通常意味着要处理光污染。

这种烦恼有两种：一种是天空的辉光，大片区域被大量的灯光投射出的锈橙色薄雾笼罩；另一种是来自视线范围内的局部强光——附近的街灯、安全灯、汽车前灯，甚至是邻居窗户发出的光线等。天空的辉光会冲洗掉夜晚，遮住星星，而局部光源更容易破坏你的夜视能力。在黑暗的天空下，你可以用肉眼看到暗至 **mag.+6.5** 的恒星，但光污染可以将其缩减到只有少数几颗一等恒星。另一个常见的受害者是高高地横跨在秋天天空中的苍白银河。

毫不奇怪，光污染最严重的地方是大城镇。然而，居住在更偏远地区的观星者也会被邻居那盏调整不当的安全灯发出的恼人强光所困扰。值得庆幸的是，你可以用一些方法来尝试减轻它们的不良影响。

专注于你能解决的问题

对于本地的光源污染，你考虑的最大问题是你观测地的位置。你需要找到一个地方，在你和讨厌的光源之间设置一个障碍。这道屏障可以是任何东西——篱笆、树、建筑物的侧面，只要它不是很大，它就不会遮住你想看的那部分天空。

如果没有合适的天然屏障，可以考虑制作一些。例如，一个简单的"盾牌"，由木头或塑料管架成，上面铺着黑色的布，就可以创造奇迹。不过

城市的光污染特别严重，但无论你在哪里，都会有黑暗的地方。

望远镜指向受上升的热气影响最小、街灯照射不到的区域。

热气上升

热气上升

路灯

天文爱好者用树木和栅栏挡住街灯。

栅栏

热气上升

庭院

草地

理想情况下，你的望远镜应该放置在草地上，避开外部光源，并指向热源（如屋顶）之间或远离热源。

你要确保它有支撑腿，因为你最不希望的就是在安装过程中会刮起风来，发出哗啦哗啦的声音。如果你不喜欢自己动手做，那就扔掉框子，把遮光布挂在晾衣绳上，或者挂在架子上，或者类似的地方。

如果让你惊慌失措的灯光来自邻居家，那么更好地了解邻居也大有裨益。许多天文爱好者报告说，互惠安排在这方面很有效——作为他们度假时你帮忙喂猫的回报，他们可能会同意，比如说，当你在花园里观测时，他们会拉上窗帘。但你必须要去请求你的邻居。

你下一个考虑的应该是优化设备，这可以帮助你处理眩光和一般的辉光。你的目标是将你所看到的对比度最大化，并最小化杂散光的进入。选择带有护目镜阻挡外来光线的目镜，并确保镜片上没有你的睫毛膏，因为这会降低视野。除了护目镜，你还可以像古代的摄影师那样，在头上蒙上一块遮光布。看起来可能有点奇怪（这是另一个告诉邻居你在做什么的好理由），但它可以帮助你确保你的夜视能力。

在器材中增加光污染滤镜，并根据观测目标，增添彩色或窄带滤镜，这样可以提高清晰度并增强细节。在望远镜的另一端，一个露水罩也可以帮助阻止光线的进入；如果你没有，你可以卷起露营垫临时做一个。如果你头顶的辉光太过刺眼，以至于你一开始就很难找到你想要的目标，那么你可以购买一个自动导星装置，这可能是找到观测目标的最轻松的方法。

在许多地方，随着越来越多的人和企业关掉室内灯，午夜过后天空的亮度会明显下降，这意味着凌晨通常能看到更好的风景。你可能还会发现，当地政府会在规定的时间关闭路灯。如果天空的辉光是一个特殊问题，那请确保你能等待，直到你选择的目标清楚地出现在地平线上，再去观测它。

如果我的观测地没有希望了怎么办？

如果你真的找不到办法来消除强光，或者没法透过辉光，或者根本没有空间来创造一个黑暗的角落，那请试着在附近找一个替代的黑暗观测点。在这种情况下，在出发前做一些研究是很有必要的。一旦你找到了潜在的观测地点，请确保你有权进入，最重要的是，那个地方在晚上是安全的，尤其是当你独自观测的时候。另一个选择是加入当地的天文协会，许多协会会为会员举办观星之夜，而你的一些观星同伴很可能会为你提供你所在地区的一些优良观测点的建议。

到郊外去，寻求最暗的天空。

记录日志

记笔记能提升你的观测经验，帮助你成为一名更好的天文爱好者。

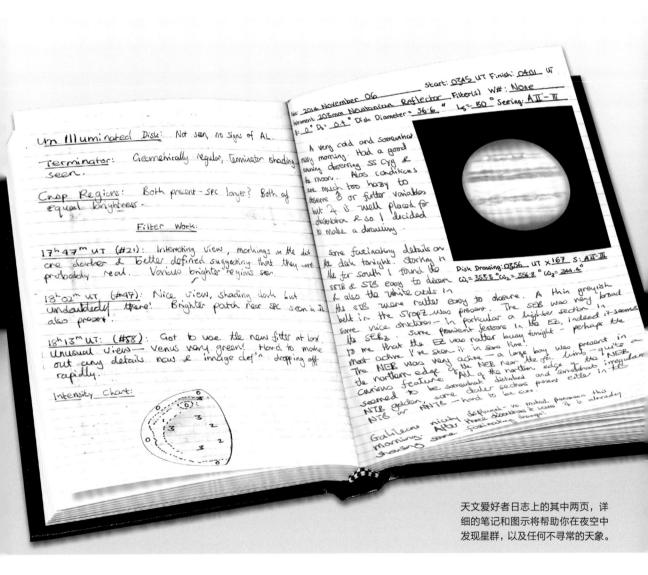

天文爱好者日志上的其中两页，详细的笔记和图示将帮助你在夜空中发现星群，以及任何不寻常的天象。

从初学者到经验丰富的业余天文学家的旅程有许多充满辛酸的个人宇宙发现。你的宇宙观测探险将会标记下许多重要的第一次接触——例如，找到梦寐以求的梅西耶天体，或者可能是第一次看到火星的极地冰盖。然而，如果你想在这些惊鸿一瞥上做文章，你必须准确地记录下你所看到的。

记日志会让你从一个随意的观测者变成一个值得信赖的观测者。观测不仅仅是通过望远镜的目镜去看。通过系统地记录你的观测结果，你会发现你的视力变敏锐了；你可以回顾过去，看看你的观测和绘画技能是如何提高的；你会拥有一个可触摸的过去。通过重复观测，老朋友会以一种新的

方式出现，它们不为人知的一面会慢慢显露出来。所有这些将使天文学变得更有意义。

写日志也有科学的一面。你可能将证实一些很少被观测到的现象，如明亮的火流星，或者火星上沙尘暴的开始。如果你对你所观测到的天象没有准确地记录，那么你可能永远不知

记录什么

日期
以年 – 月 – 日格式记录日期。

时间
以世界时 UT 记录观测时间。

望远镜
望远镜的口径和类型（牛顿、施密特 – 卡塞格林等）。

放大倍数
你绘画和观测的放大倍数。

目镜
焦距以及你使用的是星对角镜还是巴罗镜。

滤镜
包括观测中使用的任何滤光片的压缩编号（印在滤光片的侧边）。

视宁度
这是大气稳定程度的量度。使用 I ~ V 级的安东尼亚迪视宁标度，其中 I 级得到的是一个完全清晰的图像，V 级得到的是一个不聚焦的斑点。

其他条件
观测时的云量或薄雾、月相、所在地点的光污染程度等。

观测对象的细节
对于行星，请注意中央子午线、相位（如果适用）和视面大小的值。对于深空天体和彗星，在任何图画中都要标明北方，包括星座。变星需要估计星等。

个人感悟
记下任何让你觉得有趣或不寻常的事情。

确保你选择的是结实的硬皮笔记本，可以经常使用，并考虑购买几本笔记本来记录不同的天体。

道你是否看到了重要的东西。

用始终如一的态度来记录你的观测结果，你会发现将天文学变成一种更有意义的追求的完整方法：不仅仅是观看天体，你还可以开始正确地研究它们，这会让你专注于你最感兴趣的天文学的某个方面。业余爱好者仍然可以在许多领域为天文学做出有用的贡献，包括行星和变星的工作，只要对它们的观测被系统地记录下来。

不朽的巨著

观测日志应该有结实的、坚硬的封底和高质量的纸张。这钱值得花，因为便宜的书本在英国冬天的天空下躺上几个月就会破成碎片！应该避免使用活页观测本，因为它每一页都会慢慢脱落，这只是一个时间问题。

你所记录的在很大程度上取决于你所观测到的。虽然有一些标准性的东西你必须一直记下来——比如日期、时间和你望远镜的细节，但有些内容应针对你正在观测的天体类型。例如，行星观测需要绘制能够提供你所看到的重要视觉印象的图形，以及相位和视面大小等细节。变星不需要绘图，但需要添加估计星等和使用的图表的一些细节。

因此，你可能希望为每种天体保存日志，也许是对行星、变星、太阳活动和深空观测使用不同的笔记本。一个很好的工作方法是在户外画出草图和观测结果，然后在室内的日志簿上做一份整洁的记录。这会使排版更容易，页面上有图画，下面写有笔记。在一张单独的纸上画出你的图画，并把它们贴在你的书上，因为你可能需要尝试几次来绘制它们。

你的日志将成为你的观测遗产——你应该把它们当作业余天文学的基本要素之一。

对科学的意义

记日志不仅仅是个人的努力，你记录的细节有助于真正的科学。变星爱好者加里·波伊纳总共观测了 269753 颗变星，在他的日志记录中，对变星的记载可以追溯到 20 世纪 70 年代。最伟大的目视观测者之一是英国的业余爱好者乔治·阿尔科克，他用双筒望远镜发现了 5 颗彗星和 5 颗新星——最后一颗是在他 78 岁时发现的。他的日志里满是细致的笔记和他发现的天体的精美图画。

乔治·阿尔科克是双筒望远镜的铁杆粉丝——他所有的发现都是用双筒望远镜完成的。

器材和建议

要开始你的天文探险，你唯一需要做的就是在一个晴朗的夜晚走到户外抬头仰望。但总有一天，你会觉得自己需要离夜空再近一些——这种事发生在我们所有人身上。为此，你需要一个双筒望远镜或天文望远镜。这些光学设备能够做两件事：比起你的眼睛，它们在昏暗遥远的恒星上能够收集更多的光，而且它们能放大视野。

在这部分，我们将带你体验在夜空中能够获得最佳观测效果的设备。我们将学习，为什么在使用天文望远镜之前最好先使用双筒望远镜，以及为什么放置望远镜镜筒的底座和放置聚集星光的透镜或镜片一样重要。

我们还将为你介绍一些重要的配件，例如目镜和滤光片，并告诉你如何迈出你的天文摄影第一步。

平面天球星图介绍

即使在数字时代，当你需要在夜空中找到方向时，平面天球星图也可以提供雪中送炭般的帮助。

作为初来乍到的天文爱好者，平面天球星图是帮助你在夜空中找到方向的最好工具之一。尽管它们看起来不太像专业设备——它们通常只是两片纸板或塑料，用一个中心别针固定在一起。这个看似简单的设计掩盖了一个重要的事实，即平面天球图可以让你在一年中的任何时间、任何日期计算出夜空中有哪些明亮的星星。

这一基本知识对普通的天文爱好者和更严肃的业余天文学家都很有用。例如，它可以帮助你学习星座，或者在特定的时间识别出一颗明亮的恒星。在策划一次观测活动时，它也可以是一份有用的备忘录。

虽然这两个圆盘是固定在一起的，但它们仍然可以相互独立

地旋转。下圆盘盘面的大部分印有恒星、星座和较亮的深空天体，你可以从给定的纬度看到它们。在下面圆盘的边缘标记有日期和月份。

解读圆盘

上圆盘会比下面的略小一些，或者有一个透明的边缘，所以你仍然可以看到下面的日期和月份标记。上圆盘也有一个椭圆形的窗口，显示下圆盘上星图的一部分。这个窗口的边缘代表了具有适当的北、南、东和西标记的地平线，内部的一切对应可见的天空。

就像下圆盘一样，上圆盘的边缘也有标记。在这种情况下，它们表示一天的时间。通过排列日期和时间，在窗口内可见的星星与设定时间晚上的天空相匹配。我们将在下面的分步指南中解释如何使用平面天球星图。

在一些平面天球星图上，你可能会注意到一些恒星（尤其是那些靠近地平线南端的恒星）相对来说被伸展开来了。这是因为天空是三维的，当它被压缩在一个二维圆盘上时，它必

行星的问题

为什么我不能用一个平面天球星图找到行星或月球？

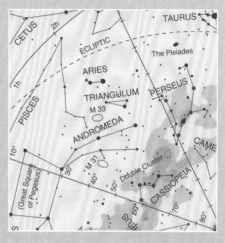

平面天球星图显示的是相对于地球在夜空中"固定"的天体——这就是为什么可以年复一年地使用它们。然而，这意味着它们不能预测行星或月球的位置。一些制造商试图通过在背面打印行星位置的细节来解决这一问题，不过平面星图上印出的一条线也可以对此有所帮助。通常用虚线表示的黄道来标识太阳系的黄道面，大多数行星都在这一平面附近围绕太阳运行。如果你在天空中发现了一颗平面天球星图上没有标识出的"恒星"，那么它很可能是一颗行星。

须向星图的边缘展开。这个工具应该是你观星武器库中必不可少的一部分：平面天球星图价格便宜，使用方便，坚固耐用（塑料制品更是如此），重量轻，便于携带，最重要的是，它们不需要电池。

使用平面天球星图时要记住的一点是，平面天球星图被设计成在特定的纬度工作。如果你试图使用一个纬度过于偏北或偏南的平面天球星图，你会发现恒星没有出现在正确的位置。

如何使用平面天球星图

1 找到你的方位

在使用平面天球星图之前，有一件事你需要知道，那就是你所处的方位。如果你没有指南针，那就用太阳。太阳大致从东方升起，在西方落下。

2 设置平面天球星图

假设你在1月15日晚上9点出发，那么将上盘面上晚上9点的标记对准下盘面上1月15日的标记。椭圆窗口内的星星现在应该和那些天空中的恒星相匹配了。

3 拿起星图

首先，朝北看，拿稳平面星图，让"北"的标记保持在底部。如果你改变了你所面对的方向，请将平面星图绕一圈，这样相应的方位点就会在底部。

4 星桥法

中心的钉针代表北极星和北天极，在它右下角是北斗的7颗明亮恒星，利用这些恒星和组成仙后座W形状的5颗恒星来识别星座。

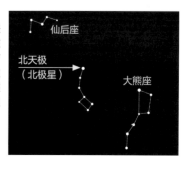

双筒望远镜物超所值

天文望远镜并不是观测天体的唯一选择。

刚开始学习天文学，不知道买什么作为你的第一个天文望远镜？这个问题有一个简单的答案：不要只买一个，买两个。把这两个望远镜用铰链连接，并且可以调整它们之间的距离，以完全符合你的瞳距。我们当然是在谈论双筒望远镜——它是最活跃的观测者器材库中的超值工具。

有数百个天体，用一个双筒望远镜就可以看到。它们不仅能让你看到比肉眼能看到的更多的天体，而且这些天体的细节和颜色也会变得丰富很多。

通过双筒望远镜，狐狸座的衣架星团看起来会更像一个衣架，而猎户座星云就成了一幅非常细致的光影图画。银河不再是一条纤细的发光带，而是一团密密麻麻的恒星，中间点缀着神秘的暗斑。辇道增七不再只是一颗标志着天鹅座头部的普通恒星，更增

添了黄金和蓝宝石似的精致装饰。你可以很容易地通过几百万年前发出的光线观看星系，而那时我们的祖先正在考虑离开树木到陆地生活。

即使你想进行"严肃的"天文学，双筒望远镜仍然合适，有专门为双筒望远镜设计的变星观测程序。双筒望远镜的便携性使它非常适合在狭窄小径上观测，在那里也可以看到掠月小天体或小行星掩星。

或者，你也可以穿暖和点的衣服，躺在花园的躺椅上，在凝视星空时，通过双筒望远

镜欣赏你发现的东西。在你意识到这一点之前，你已经开始认识星空了，这时双筒望远镜比你差点就购买的入门级自动寻星望远镜会更适合带你遨游星空。

最重要的是，你可以用低于一个性能尚可的望远镜目镜的价格，为你的两只眼睛提供完整的观测系统。

> **"双筒望远镜基于两个参数来分类：放大倍数和口径。"**

双筒望远镜的挑选

双筒望远镜基于放大倍数和口径这两个参数进行分类。一个 10×50 的双筒望远镜放大倍数为 10×（10 倍），每个物镜的口径为 50 毫米。这两个参数还能帮你计算出目镜的光圈（或"出射光瞳"）的大小：你所要做的就是用口径除以放大倍数。这意味着一个 10×50 的双筒望远镜的出射光瞳为 5 毫米。出射光瞳不应该比你的瞳孔直径大：对于你的第一个望远镜来说，4 ~ 6 毫米的出瞳大小就足够了。

不要被诱惑去购买你能负担得起的最大的双筒望远镜——大的双筒望远镜很难保持稳定，大的夜空特征用较小放大倍数的望远镜也可以实现。

我可以使用一些老式双筒望远镜吗？

原则上是可以的：即使是塑料透镜的 4x20 玩具望远镜也可以向你展示一些你平时看不到的天体，比如木星的卫星。如果你已经有了一个小型双筒望远镜，比如 6x30 或 8x32 的，那就在星空下试试吧：你会惊讶地发现你还能看到更多的东西。光学质量也会导致有所不同，你可能会发现，你用质量好的小型双筒望远镜（比如 8x42) 看到的一些东西，甚至是入门级的 15×70 的望远镜也无法企及的。但是要避免使用变焦望远镜。简而言之，并不存在统一标准的"好"望远镜。

如果孩子们愿意给的话，即使是玩具双筒望远镜，也能让你清楚地看到夜空。

底座可以为更大的双筒望远镜提供一个稳定的观测平台，相机三脚架和云台同样是适用的。

更大的光圈可能会让你看到更多，但如果你想长时间获得稳定的观测，需要架设一些辅助设备。常见的双筒望远镜尺寸有如下几种。

● 8×40，几乎每个 10 岁以上的人都可以拿得稳。

● 10×50，大多数成年人可以拿稳（这个尺寸的望远镜大小和重量比适中，很受欢迎）。

● 15×70，使用这个规格的望远镜观测真的需要安装辅助设备，虽然你也可以简单地直接用手拿。

你还应该检查目镜之间的距离，或者说"瞳距"，以适应你的眼睛。如果你戴眼镜，确保双筒望远镜的目镜到你的眼睛位置有足够的距离（"适瞳距"），从目镜到眼睛，一般 18 毫米或以上就可以了。

双筒望远镜有两种基本类型：波罗棱镜和屋脊棱镜。在任一价格范围内，屋脊棱镜更轻，但波罗棱镜往往有更好的光学质量。一旦你决定了尺寸和类型，就挑选出在你预算内质量最好的望远镜，开始探索夜空吧。

还能比天文望远镜更好？

如果你喜欢行星的细节、密近双星、球状星团或行星状星云，那就考虑买一个天文望远镜吧。但是对于可见宇宙的其他部分，双筒望远镜是更好的选择。安装手持双筒望远镜只需要几秒钟，即使是需要支架的双筒望远镜也可以在几分钟内安装好，所以在使用天文望远镜的伙伴准备好并开始观测之前，你就已经开始观测了。

许多天体被理想地框在视场更大的手持双筒望远镜中：像甘珠或跳跃小鱼一样的星组超过了大多数天文望远镜的视场范围，像昴星团和蜂巢星团这样的疏散星团亦是如此。即使是像三角星云和北美星云这样大而微弱的天体，用廉价的 10x50 双筒望远镜也比用几倍于这个价格的业余天文望远镜更容易看到。

昴星团（左）和蜂巢星团（右）是双筒望远镜最流行的观测目标。

你的第一个天文望远镜

购买天文望远镜有时会是一项艰巨的任务，我们会通过解读行业"黑话"来帮助你做决定。

天文是一项非常有收获的探险，充满了探索和发现。行星、恒星、星云和星系，还有许多其他的奇迹，都在等着给你惊喜和启发。但是，购买你的第一个天文望远镜并不是件容易的事。当你

开始你的探索之旅时，有一系列的设备和技术术语将会迷惑和诱惑你。我们将简单介绍 4 种最常见的天文望远镜类型及其工作原理，以便你能更好地了解你的选择。

投资一个天文望远镜会帮助你探索银河系更多的奇迹。

反射望远镜

反射望远镜是由艾萨克·牛顿爵士发明的，它使用一种特殊的曲面主镜来收集天体的光线。在牛顿的设计中，主镜收集到的光线被反射并聚焦回望远镜的镜筒内，镜筒中心有一个由网格支撑的较小、较平的副镜；这个副镜倾斜45度，将光束转到镜筒的另一边，穿过一个聚焦器，最终进入目镜，形成你所看到的图像。

副镜

副镜位于望远镜筒的前部，倾斜45度设置。它将光反射到位于镜筒一侧的聚焦器中。

慢动控制

慢动控制允许你在一个或两个轴上手动调整望远镜。它让你可以仔细地把一个天体移到目镜视场的中心，然后让它保持在那里。

配重

为了让望远镜在支架上保持平衡，需要一个或多个配重。这可以减少电机驱动产生的摇晃，并可以防止望远镜摔倒。

术语克星

口径

望远镜最重要的规格参数。口径是主镜或透镜的尺寸，通常以毫米、厘米或英寸为单位来表示。

底座云台

底座云台支撑着望远镜，你可以把它对准天空。主要有以下两种类型。

赤道式

底座云台可以与夜空的自转轴对齐，它们使用与经纬度相似的天球坐标系统。

地平式

底座云台可以在两个轴上移动：方位角（以北方为基准测量的角度）和高度角（从地平线的0度到天顶的90度）。

寻星镜

寻星镜帮助你锁定目标。它既可以是一个具有宽视场的微型望远镜，也可以是一个零放大倍数的红点探测器。

聚焦器和目镜

聚焦器允许你调整目镜的位置，以便聚焦你所看到的东西。目镜放大了望远镜所产生的图像。不同的目镜可以用来增大观测目标的显示尺寸。

筒环和楔形棒

筒环固定着镜筒，并允许你将它旋转到一个适当的位置。筒环连接着一个楔形棒（在两个筒环之间可以移动的黑色棒），用来确保固定住镜筒。

主镜

来自遥远天体的光线由主镜收集，主镜位于反射望远镜筒的底部。这面镜子是特殊的曲面镜，它可以把光线聚焦回副镜上。

极轴镜

许多赤道仪有一个内置的极轴镜。极轴镜实际上是一个微型望远镜，它可以让你非常精确地将底座的一个轴与夜空的自转轴相对齐，这样你可以更容易地追踪星星。

底座云台

反射望远镜的底座云台通常使用赤道式设计。这样可以让底座云台与夜空对齐，以便更容易地跟踪星星。

三脚架

三脚架为整个系统提供了支撑。它们通常是铝制的，有可调节的支撑脚用于改变望远镜的高度。三脚架需要保持稳定并要有稳固的支撑。

折射望远镜

折射望远镜是最古老、最简单的望远镜设计，伽利略用它来记录金星的相位。折射望远镜的前面有一个弯曲的透镜，它可以把光直接聚焦到聚焦器上。通常在调焦器和目镜之间会加一个星对角镜，让光线旋转 90 度，以便让观测更加舒适。

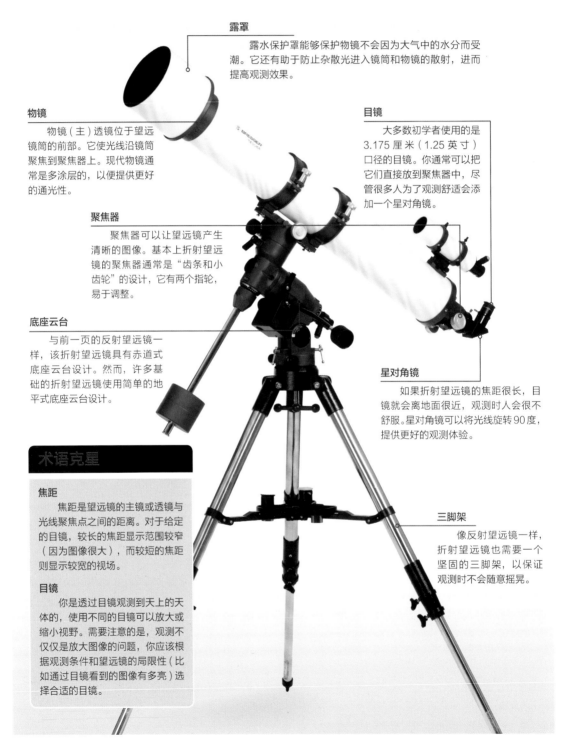

露罩

露水保护罩能够保护物镜不会因为大气中的水分而受潮。它还有助于防止杂散光进入镜筒和物镜的散射，进而提高观测效果。

物镜

物镜（主）透镜位于望远镜筒的前部。它使光线沿镜筒聚焦到聚焦器上。现代物镜通常是多涂层的，以便提供更好的通光性。

目镜

大多数初学者使用的是 3.175 厘米（1.25 英寸）口径的目镜。你通常可以把它们直接放到聚焦器中，尽管很多人为了观测舒适会添加一个星对角镜。

聚焦器

聚焦器可以让望远镜产生清晰的图像。基本上折射望远镜的聚焦器通常是"齿条和小齿轮"的设计，它有两个指轮，易于调整。

底座云台

与前一页的反射望远镜一样，该折射望远镜具有赤道式底座云台设计。然而，许多基础的折射望远镜使用简单的地平式底座云台设计。

星对角镜

如果折射望远镜的焦距很长，目镜就会离地面很近，观测时人会很不舒服。星对角镜可以将光线旋转90度，提供更好的观测体验。

术语克星

焦距

焦距是望远镜的主镜或透镜与光线聚焦点之间的距离。对于给定的目镜，较长的焦距显示范围较窄（因为图像很大），而较短的焦距则显示较宽的视场。

目镜

你是透过目镜观测到天上的天体的，使用不同的目镜可以放大或缩小视野。需要注意的是，观测不仅仅是放大图像的问题，你应该根据观测条件和望远镜的局限性（比如通过目镜看到的图像有多亮）选择合适的目镜。

三脚架

像反射望远镜一样，折射望远镜也需要一个坚固的三脚架，以保证观测时不会随意摇晃。

多布森望远镜

多布森望远镜是一种反射望远镜，安装在一个简单但有效的地平式底座上，它由业余天文学家约翰·多布森在 20 世纪 60 年代研发并推广使用。它被放置在一个箱体（或托架）里，可以上下倾斜。箱体本身被安装在一个可旋转的平台上，所以你可以在水平方向上转动望远镜。基本的多布森望远镜无法追踪恒星，但是它简单的设计意味着你通常可以省下钱买一个口径更大的望远镜。

副镜

副镜将光线转向 90 度，反射到镜筒另一侧的聚焦器。

镜筒组件

镜筒组件包括了副镜和主镜，聚焦器和寻星镜附在外部。一些使用多布森望远镜的人使用的是桁架结构而不是封闭的镜筒。

地平装置

多布森望远镜使用地平装置，其中一个轴可以向上和向下倾斜，另一个轴可以水平旋转。

寻星镜

寻星镜是一种微型望远镜，拥有广阔的视场，可以让你锁定目标。

聚焦器和目镜

和反射望远镜的设计一样，目镜和聚焦器位于镜筒的顶部，从望远镜的一侧伸出。

主镜

主镜收集并聚焦来自于遥远天体的光线，并将其反射回副镜。

折反射望远镜

折反射望远镜（或称复合望远镜）利用一面反射镜和一个前置的改正透镜的组合，捕获光线并聚焦在一个比折射望远镜或反射望远镜短得多的紧凑镜筒中。光线从镜筒后部出射后，我们可以利用星对角镜和目镜在舒适的位置进行观测。流行的设计包括施密特－卡塞格林和马克苏托夫－卡塞格林两种类型。复合望远镜可以安装在赤道仪上，通常也都可以使用地平式装置。

术语克星

自动寻星

一些底座可以由电动机驱动、由电脑手柄控制，这些装置能够对望远镜进行校准和控制，并能将望远镜对准选定的天体。这些"自动寻星"装置可以帮助你发现很多天体，但如果你在开始的时候就依赖它的话，它可能会成为你学习天文的障碍。

改正板和副镜

改正板在镜筒的前面，它既矫正了光路，又为副镜提供支撑。

主镜

主镜收集和反射来自天体的光线。它有一个中心孔，允许来自副镜的光线穿过，射向聚焦器和目镜。

目镜和星对角镜

在这种设计中，目镜和星对角镜位于望远镜的尾端。

自动寻星手柄

这个底座装置由一个包含有大量天体数据的自动寻星手柄控制。你可以选择一个天体，然后望远镜会自动对准它。

自动寻星装置

电动的自动寻星装置带动望远镜，特别适合于精确、快速地旋转，指向天空。

了解你的望远镜的状况

掌握描述望远镜光学性能的神秘数字——焦距和焦比（光圈）。

1. 焦距

折射望远镜的焦距是它的透镜和透镜发出的光线最终聚焦的地方（即所谓的焦点）之间的距离。对于反射望远镜，只需将"透镜"替换为"反射镜"即可。

如果你想知道你是用多大的放大倍数在看夜空，那么焦距是一个重要的数字。放大倍数等于望远镜的焦距除以目镜的焦距。通过调整焦距，你可以得到更高的放大倍数，例如，用焦距更长的望远镜，可以更好地观察行星的细节。这样做的缺点是，焦距越长，视场越小，这并不总是适合观察广阔的星场或应用星桥法。当然，你还可以使用一种叫作巴罗镜的配件来增加望远镜的焦距。

目镜也有焦距，但由于它把聚焦的光线放大到你的眼睛里，所以数字意味着相反的情况。目镜的焦距越小，放大倍数就越高。例如，8 毫米的目镜比 20 毫米的目镜能让你看得更清楚。

焦点

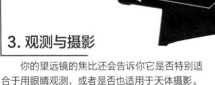

3. 观测与摄影

你的望远镜的焦比还会告诉你它是否特别适合于用眼睛观测，或者是否也适用于天体摄影。

较小焦比（快速的）的望远镜对天体摄影很有益处——尤其是当你想拍摄很大的星场时。因为相比大焦比望远镜，小焦比望远镜可以在更短的曝光时间里得到图像。同时，当你使用自动寻星装置追踪天体运动时，星星模糊的几率也会降低。如果你主要打算用你的望远镜进行观测活动，那么大焦比（慢的）望远镜则更为理想。要想用小焦比（快速）望远镜获得 100 倍的放大倍数，你需要一个小焦距目镜，观测时你可能会不太舒服，尤其是你还需要戴眼镜的话。选择较慢的焦比可以解决这个问题：为了获得同样的 100 倍放大倍数和更慢、更大的焦比范围，你应该使用更长焦距的目镜，这样可以提供更好的出瞳距离。

光路

2. 焦比

任何望远镜的焦比都是它的焦距除以前置透镜或反射镜的直径。这就引出了另一种描述它的方法——f/数（光圈）。假设计算得到6，得到的焦比可以写成"f/6"。焦比低于 f/6 的望远镜被称为小焦比，f/ 9 或以上被认为是大焦比。你一定要知道，焦比对天文成像很重要。

回到相机使用胶卷的时代，还有另一种方法来描述望远镜的焦比：快或慢。小焦比意味着相机镜头的光圈是大开的，这样可以让很多光线进入，并导致胶片上的化学物质与光线发生"快速"反应。而在大焦比的情况下，正好相反，镜头的光圈更窄，吸收的光更少，导致光与胶片上的化学物质发生"缓慢"反应。

焦比的优缺点对比

对于大多数（并非所有的）望远镜的快慢焦比对比

快焦比	慢焦比
小焦比：f/4 及以下	大焦比：f/9 及以上
更短的焦距：更短的望远镜	更长的焦距：更长的望远镜
更宽的视场范围：更利于观测大范围的夜空	更窄的视场范围：更利于观测行星或双星系统
更小的目镜出瞳距离：需要在更低的放大倍数或舒适的观测体验中做取舍	更大的目镜出瞳距离：可以在舒适的观测体验中使用更大的放大倍数
更短的焦距：清晰的图像需要精确的聚焦	更长的焦距：更容易聚焦
望远镜相对更小并容易携带	望远镜相对更大更重并不易携带

快慢焦比的共同优点

选择望远镜不仅仅需要决定最佳焦比。有可能便携性就比其他一切都更重要，因为许多望远镜由于太重或移动不便而一直在仓库或车库中落灰。然而，了解快焦比望远镜和慢焦比望远镜的局限性是选购过程中一个有益的补充。如果你不想费心考虑选择，那么最好是在快焦比和慢焦比之间做选择。

了解视场

不同的器材所展示出来的天空部分会有所不同，但对你所挑选的观测目标来说，哪一种器材是最好的呢？

当你外出观星时，视场就是任何时候你所能看到的天空面积。视场的变化取决于你所使用的器材——这里我们将向你展示当你使用不同类型的器材来观测时，仙后座的外观将如何变化。

肉眼

肉眼非常适合观测广阔的星座、星群、流星雨、银河和明亮的彗星。当然，你也可以用肉眼观看其他的天体，但利用肉眼令人惊异的从左到右接近 180 度的视场，你能得到雄伟夜空的壮丽景观。这使得用肉眼进行观测是一件令人惬意的方式。本页主图展示了用肉眼看到的仙后座的景象，它的 W 形状很容易辨认。

据说人眼的放大率是 1 倍，而你能看到的最暗弱的星星是 mag.+6.5。有些人声称能够看到暗至 mag.+7.0 的星星；即便你可以看到它们，你仍然可能会错过所有奇妙的深空天体以及它们结构的细节。对于这些天体，你需要一个双筒望远镜或是天文望远镜。

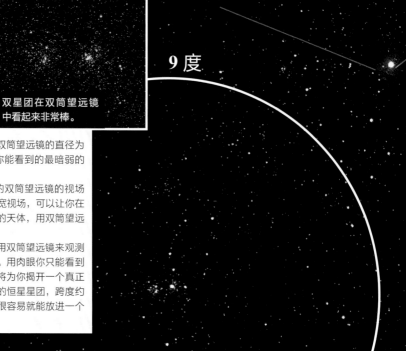

双星团在双筒望远镜中看起来非常棒。

9 度

双筒望远镜

使用标准的 10×50 双筒望远镜，你可以立刻将放大率提高到 10 倍，这意味着天体看起来会大 10 倍。此外，你不是用标准的 5~7 毫米的瞳孔宽度来收集星光，而是用双筒望远镜的直径为 50 毫米的透镜来收集星光。这使得你能看到的最暗弱的恒星可达 mag.+10.0。

根据型号的不同，10×50 规格的双筒望远镜的视场在 5 度到 9 度。这为你提供了优良的宽视场，可以让你在夜空中寻找像星云、星系和星团这样的天体，用双筒望远镜观看它们会非常棒。

就在仙后座的外边，有着很值得用双筒望远镜来观测的天体，那就是附近英仙座的双星团。用肉眼你只能看到一个模糊的斑点。然而，双筒望远镜将为你揭开一个真正的奇观：数百颗恒星组成了两个不同的恒星星团，跨度约为 1 度。这是一幅令人惊叹的景象，很容易就能放进一个 10×50 双筒望远镜的视场里。

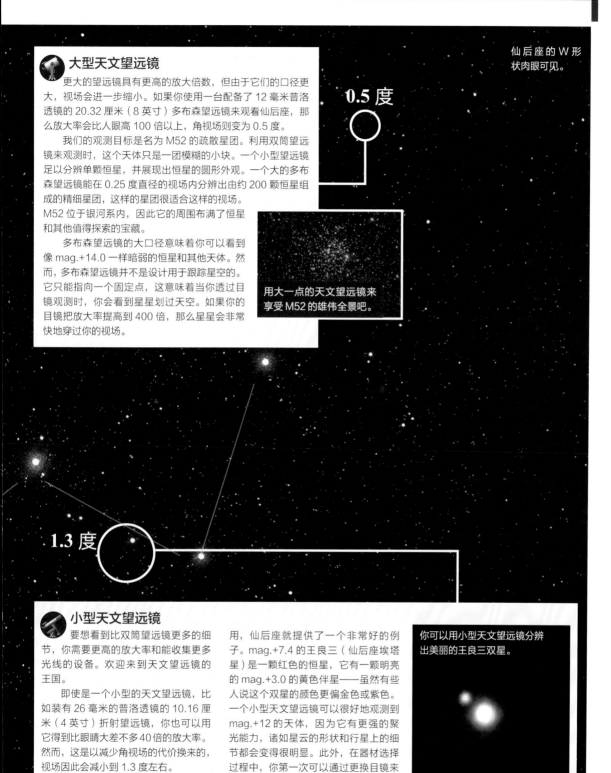

仙后座的 W 形状肉眼可见。

🔭 大型天文望远镜

更大的望远镜具有更高的放大倍数，但由于它们的口径更大，视场会进一步缩小。如果你使用一台配备了 12 毫米普洛透镜的 20.32 厘米（8 英寸）多布森望远镜来观看仙后座，那么放大率会比人眼高 100 倍以上，角视场则变为 0.5 度。

我们的观测目标是名为 M52 的疏散星团。利用双筒望远镜来观测时，这个天体只是一团模糊的小块。一个小型望远镜足以分辨单颗恒星，并展现出恒星的圆形外观。一个大的多布森望远镜能在 0.25 度直径的视场内分辨出由约 200 颗恒星组成的精细星团，这样的星团很适合这样的视场。M52 位于银河系内，因此它的周围布满了恒星和其他值得探索的宝藏。

多布森望远镜的大口径意味着你可以看到像 mag.+14.0 一样暗弱的恒星和其他天体。然而，多布森望远镜并不是设计用于跟踪星空的。它只能指向一个固定点，这意味着当你透过目镜观测时，你会看到星星划过天空。如果你的目镜把放大率提高到 400 倍，那么星星会非常快地穿过你的视场。

0.5 度

用大一点的天文望远镜来享受 M52 的雄伟全景吧。

1.3 度

🔭 小型天文望远镜

要想看到比双筒望远镜更多的细节，你需要更高的放大率和能收集更多光线的设备。欢迎来到天文望远镜的王国。

即使是一个小型的天文望远镜，比如装有 26 毫米的普洛透镜的 10.16 厘米（4 英寸）折射望远镜，你也可以用它得到比眼睛大差不多 40 倍的放大率。然而，这是以减少角视场的代价换来的，视场因此会减小到 1.3 度左右。

这类望远镜在观测双星时非常有用，仙后座就提供了一个非常好的例子。mag.+7.4 的王良三（仙后座埃塔星）是一颗红色的恒星，它有一颗明亮的 mag.+3.0 的黄色伴星——虽然有些人说这个双星的颜色更偏金色或紫色。一个小型天文望远镜可以很好地观测到 mag.+12 的天体，因为它有更强的聚光能力，诸如星云的形状和行星上的细节都会变得很明显。此外，在器材选择过程中，你第一次可以通过更换目镜来进一步提高放大率。

你可以用小型天文望远镜分辨出美丽的王良三双星。

了解望远镜的底座

基本的望远镜底座类型，以及购买时需要考虑的问题。

试着拿着一个小望远镜看一段时间，很快你就会发现你需要一些东西来支撑它——这个最重要的部分就是底座。有几种底座类型，哪种最适合你，以及你需要支付多少钱，完全取决于你想用望远镜做什么。从简单的三脚架到用于天文台的精密仪器，今天的业余观测者可以使用的底座足以满足各种观测需求。

大多数底座是两种基本设计的变体，地平式和赤道式。地平式装置在两个轴上运动，一个垂直于地平线（表示高度，可以上下运动），另一个平行于地面（表示方位，可以水平运动），

星野赤道仪

这种最新开发的底座云台连接在一个标准的三脚架上，铰链朝天极倾斜，只要在安装过程中进行了极轴校准，就可以用相机跟踪。许多这样的底座甚至可以支持小型望远镜，如果你想在旅行中用的话，它们非常有用。

地平式底座

地平式底座最简单的形式是不起眼的三脚架。它容易携带，风格多样，从轻量型到足以支撑一个小型折射望远镜或小型折反射望远镜的坚固型应有尽有。无论是手动还是电动操作的三脚架都可以使用。

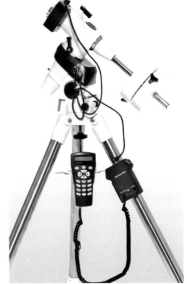

德国式赤道仪

这是一种流行的安装设计，当地球自转时，通过一个平行于地球自转轴的轴来跟踪恒星。作为许多人的选择，这种类型底座的承载能力对非自动化到专业天文台的重型跟踪系统都适用。

但地平式装置的大多数基本设计不能跟踪天体——尽管有一些例外。

赤道式装置的其中一个轴平行于地球的自转轴，这意味着它们可以跟踪夜空中的天体，并使目标保持在视场中心，前提是它们必须在使用前正确地与天极对齐。这也使得赤道式装置成为长时间观测或长曝光天体摄影的理想对象。

还有其他一些需要考虑的因素。如果你想要一个永久使用的底座，那么有卓越跟踪功能的重型装置将是理想的选择。对于一些空间有限的人来说，便携且易于安装的底座可能是更实用的解决方案，因此轻量级但结实的底座可能是更好的选择。

重量和观测效果

类似的，你需要考虑底座的负载能力——换句话说，它能支撑多少的质量？记住，如果你想做天体摄影，这包括你所有器材的质量，不仅仅是望远镜。如果云层滚滚而来，可以很容易地拆卸安装望远镜系统吗？反之，如果出现一片晴朗的天空，可以迅速地安装好望远镜系统吗？如果你正在考虑一个计算机化的底座，你还需要检查它是否有相关的端口，用于支持你可能想要使用的任何配件。

选择底座可能是一件令人畏惧的事情，因为你有太多的选择。但也有一个事实是，一定有适合所有场合的底座。只要稍加考虑，你就应该能够根据自己的需要做出正确的选择。

多布森底座

多布森装置是由著名的天文爱好者约翰·多布森设计的，它是一个简单的摇杆箱，放在转盘上，由一些基本材料制成，可以支撑一个巨大的反射望远镜。尽管这个设计是一个易于使用的、手动操作的地平式系统，但现在也有一些计算机化的多布森设计具有天体追踪功能。

叉式底座

这是典型的地平式装置，虽然它们可以用赤道楔形转换成赤道式。电动或计算机控制的叉式底座可以在不绕子午圈翻转的情况下让望远镜朝南穿过子午圈，这样就可以在子午圈上成像，而这是德国赤道式装置的一个缺点。

手持自动寻星系统

手持自动寻星系统是一种包含手持设备（手柄）的自动化系统。一旦执行了初始的恒星校准例行程序，它就能通过一个庞大的天体数据库顺利地指向天体。拥有一个自动寻星系统，可以免去手工查找天体的麻烦，尤其是在观测对象很模糊的情况下，而且可以不用打印星图。常见数据库通常包括梅西耶和NGC星表，以及主要的行星等天体。这为新手打开了观测星空的新世界大门，并允许有经验的天文爱好者快速定位和跟踪天体，进行深空摄影。如今，在德国赤道式装置和叉式装置（无论大小）上都可以使用这种技术，甚至在一些地平式系统上也可以找到这种技术，如多布森装置。

赤道仪

第一部分
安装

赤道仪可以跟踪天体在夜空中的运动。

把天文望远镜安装在赤道仪上，你就可以不断跟踪恒星在夜空中的持续运动。赤道仪看起来似乎很复杂，但实际并不需要花太多时间就能掌握。

在接下来的 **6** 页里，我们将把有关赤道仪的所有内容分解为易于遵循的部分，首先从赤道仪的安装开始讲起。我们使用的是 **EQ3** 级别的赤道仪，但相关技巧也适用于其他级别的赤道仪。

赤道仪

赤道仪由一个三脚架和一个底座云台（赤道仪云台）组成，可以支撑起望远镜并让其沿两个轴运动，其中一个轴是赤经轴，另一个轴是赤纬轴

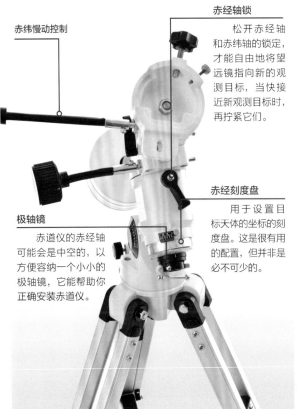

赤纬慢动控制

赤经轴锁
松开赤经轴和赤纬轴的锁定，才能自由地将望远镜指向新的观测目标，当快接近新观测目标时，再拧紧它们。

极轴镜
赤道仪的赤经轴可能会是中空的，以方便容纳一个小小的极轴镜，它能帮助你正确安装赤道仪。

赤经刻度盘
用于设置目标天体的坐标的刻度盘。这是很有用的配置，但并非是必不可少的。

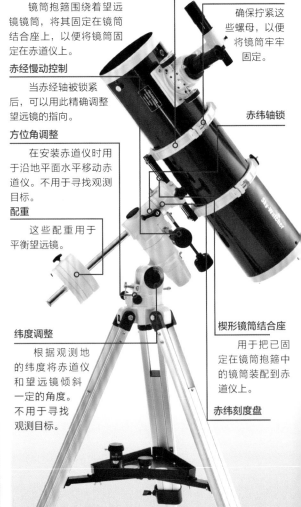

镜筒抱箍
镜筒抱箍围绕着望远镜镜筒，将其固定在镜筒结合座上，以便将镜筒固定在赤道仪上。

赤经慢动控制
当赤经轴被锁紧后，可以用此精确调整望远镜的指向。

方位角调整
在安装赤道仪时用于沿地平面水平移动赤道仪。不用于寻找观测目标。

配重
这些配重用于平衡望远镜。

镜筒抱箍锁
确保拧紧这些螺母，以便将镜筒牢牢固定。

赤纬轴锁

纬度调整
根据观测地的纬度将赤道仪和望远镜倾斜一定的角度。不用于寻找观测目标。

楔形镜筒结合座
用于把已固定在镜筒抱箍中的镜筒装配到赤道仪上。

赤纬刻度盘

如何装配赤道仪

请遵循以下的步骤，以确保赤道仪的牢固安装，在确保其不会倒塌后，
再把望远镜安装在上面。

1. 望远镜和赤道仪云台都放置在三脚架上。如果你是第一次安装，请在白天进行。调整三脚架的高度，使其顶端和你的臀部齐平，如果中间有配件架，也一起安装好。确保三脚架顶部保持水平，并且其中标有"N"的脚指向北方。

2. 把赤道仪云台放置在三脚架的顶端。将三脚架顶部的金属钉与云台下方的间隙对齐，该间隙位于方位角锁的两个螺栓之间。通过拧紧悬挂在三脚架顶部下面的大螺栓，将云台固定在三脚架上。

3. 将配重杆旋入云台。在配重杆的制紧螺钉紧固在云台上时，从杆的一端取下安全螺母，将配重向上滑动至配重杆中部，再拧紧制紧螺钉以确保配重安全。然后把配重杆安全螺母放回原处。

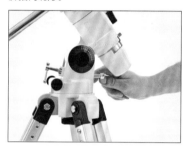  

4. 赤经轴需要指向北天极。要做到这一点，赤道仪的纬度设置需要设置成与你当地的纬度相同。松开前后螺栓，倾斜云台，使指针与纬度刻度盘上的正确数字对齐，然后再次拧紧螺栓。

5. 将慢动电缆接头安装到赤经轴和赤纬轴上的小型 D 型轴上，拧紧每根电缆末端的螺丝，将其固定。如果使用折射望远镜，请旋转赤纬轴，以便电缆能延伸到底部。如果使用反射望远镜，请将电缆固定在最靠近目镜的顶部。

6. 望远镜由两个镜筒抱箍固定在云台上，抱箍通过镜筒结合座紧紧嵌在云台上。我们的赤道仪有一个短的楔形镜筒结合座，已经与两个镜筒抱箍相连接，而你的镜筒抱箍可能并没有固定在云台上。如果是这样，请把镜筒抱箍安装上。

7. 打开镜筒抱箍，将望远镜镜筒放进抱箍里，然后将抱箍的上半部分转到镜筒筒身上，拧紧锁紧螺栓，确保镜筒不会滑出。在这一步，你可能需要额外的一双手来帮助你完成。请记住，如果你使用的是反射望远镜，目镜应该在顶部！

8. 将寻星镜放进支架里，并将其拧紧固定在望远镜镜筒上。为了将寻星镜与镜筒对齐，将一个低放大倍率的目镜放进望远镜主镜筒的缩焦器里，并在地平线上找一个观测目标。通过寻星镜观看目标，并且调节支架上的螺母，直到你的目标出现在十字叉上。

9. 调节望远镜的平衡。松开镜筒水平锁和赤纬轴锁，在抱箍中来回移动镜筒，直到望远镜保持水平不动。然后沿赤经轴方向做同样的调整：让配重杆保持水平，松开赤经锁，调节配重直到望远镜在放手时也能保持不动。

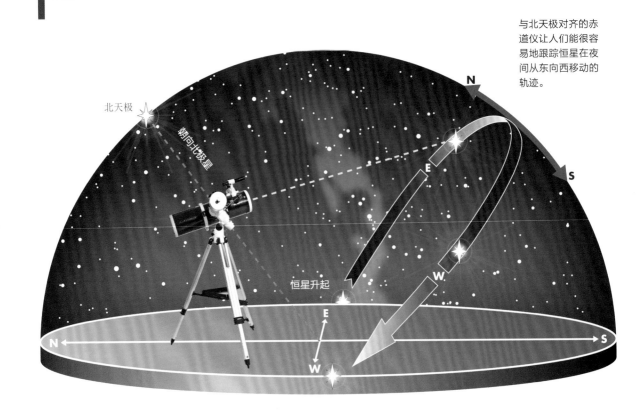

与北天极对齐的赤道仪让人们能很容易地跟踪恒星在夜间从东向西移动的轨迹。

北天极

朝向北极星

恒星升起

N

E

W

S

E

W

N

S

赤道仪

第二部分

校准

赤道仪使用指南的第二部分将向你展示如何进行校准,以便能够跟踪恒星。

在第一部分中,我们研究了如何搭设赤道仪,使之成为放置望远镜的坚实而稳定的平台。现在我们将讲解如何利用赤道仪来跟踪恒星和其他天体,因为随着夜晚时间的流逝,这些天体将随着天空移动。

为了正确地做到这一点,赤道仪必须是"与极点对齐"的——即它的赤经轴或极轴必须被校准,并指向天球围绕着旋转的北天极。北天极是一个概念点,表示我们地球的自转轴与天球相交的点。天球是一个想象中的球,地球在它的中心,所有的恒星都被投射在它的内表面上。天空只是看上去在旋转,而实际是地球每 24 小时完成一次自转。但因为我们是从旋转着的地球表面上进行观测的,所以看起来好像是夜空在绕着我们旋转。

天极的位置

由于天空绕着北天极旋转(至少看起来是这样的),所以赤道仪也必须与这个旋转轴对齐,以跟踪恒星的运动。赤道仪是专门设计成可与天极对齐的。

校准步骤

4 步对准北天极

1. 调整赤道仪的高度设置，使其与当地纬度相同。松开前后螺栓，倾斜底座云台，使指针在高度刻度上与正确的数字对齐，然后重新拧紧螺栓。这样做可以将赤道仪的赤经轴或极轴与地球的自转轴对齐，使二者平行。

2. 除了向上倾斜，极轴还需要对准正北方向的北天极。一些赤道仪在三脚架顶部有一个大大的"N"标记，用来显示哪一侧应该朝北。你可以用指南针找出哪个方向是北方，但是记住，指南针显示的是磁北，而我们想要的是正北，因此你还需要向东偏几度。在晚上，可以直接找到北极星，并让极轴与它对齐。

3. 赤道仪现在应该与北天极对齐了。为了验证这一点，当恒星出来的时候沿着极轴向上看天空确保它指向北极星。这种视觉对齐很适合于通过目镜来进行观测。但是为了更精确——例如，如果你想拍摄大范围的星空，你需要通过安装在赤经轴上的极轴镜来进行极轴对齐。

4. 如果你想要精确对准北天极，你需要对极轴进行微调，请使用高度和方位角设置。像前面那样调整高度。若要调整方位，请旋下两个方位螺栓，让赤道仪和望远镜与地平线平行地向左或向右轻轻移动。这比举起三脚架和整个望远镜来瞄准北极星要容易得多。

北极星

在北半球，我们非常幸运地拥有一颗相当明亮的恒星，而天空几乎就是在绕着它旋转。这颗星是就是北极星，位于小熊座。找到它，你就会找到真正的北方。更重要的是，在夜间它永远不会从那个位置移开，而天空中的其他一切都在围绕着它转。

事实上，北极星距离北天极还是偏差了0.7度。这种微小的偏移对普通观测来说无关紧要，但要拍摄天文图像，你需要更高的精度：通过极轴镜进行极轴校准时，要考虑到0.7度的偏移。北极星很容易被找到，这要归功于大熊座的两颗恒星，只要画一条线穿过它们，你就会到达北极星，如下图所示。

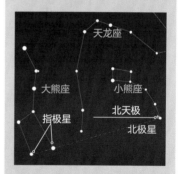

在大熊座的两颗被称为指极星的恒星上画一条线，延长到北极星。

当你想让赤道仪的极轴指向正确的方向时，我们在北半球的朋友北极星就会伸出援助之手。因为非常接近北天极，北极星提供了一个即时的"标记"。好消息是，对于普通观测，你不需要在极轴校准过程中要求过于精确。你只需调整高度设置，使其与本地纬度相同，然后将极轴指向北方，使其对准北极星。但如果你想进行任何类型的天体摄影，你就需要更准确，使用赤道仪的极轴镜进行极轴校准。

一旦赤道仪与北天极对齐，你的望远镜就可以轻松地跟踪星星了，而且你会发现长时间让天体保持在目镜里是件很简单的事。你只需要用赤道仪的慢动控制来调整赤经轴或极轴。赤道仪不像地平式装置，地平式装置需要调整两个轴来跟踪天体。但请记住，当你想要将望远镜指向另外一颗星星时，即使是赤道仪也需要调整两个轴。

赤道仪

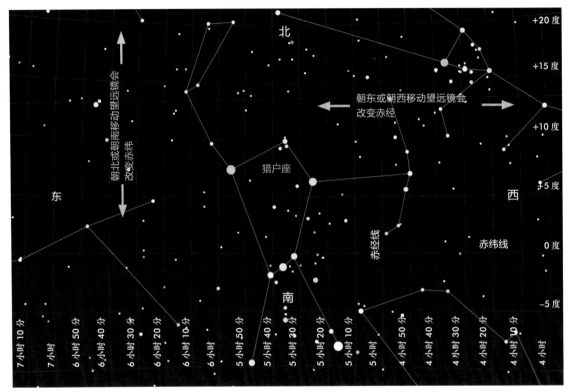

在一个可以精确定位任何天体的天球坐标系统中，赤纬可以被看作是纬度，而赤经可以被看作是经度。

第三部分
赤道仪是如何移动的

如何移动赤道仪的轴进而跟踪观测目标。

在关于赤道仪的前两部分介绍中，我们已经了解了如何正确搭建赤道仪和如何做好准备工作，这让它很容易就能找到并跟踪天空中的天体。天球坐标是天体投影在以地球为中心的一个假想的大球——天球上的位置坐标，利用恒星、行星或星云的天球坐标，很容易地就能找到它们。

正如我们之前提到的，用这种方法找到一个星系和用纬度和经度在地球上进行定位几乎是一样的。你可以把你的想象网格投射到星空中。唯一的区别是，在天球上，纬度称为赤纬，经度称为赤经。

这两种坐标系统的工作方式与在地球上定位的方式完全相同。赤纬(纬度)线从东到西平行于赤道，而赤经(经度)线从北到南贯穿。夜空中每一个天体都有赤纬和赤经坐标，就像地球上的每一个位置都有纬度和经度一样。

通过使用赤道仪上的赤纬和赤经设置，你可以用这两个数字指示的范围来查找任何天体。

假设你已经像第二部分中描述的那样将望远镜的极轴校准，找到某个星系的第一步是确保你的赤经度盘被正确地设置。为此，你需要一颗容易找到的明亮恒星的赤经坐标，比如天琴座的织女星。织女星的坐标可以从星图中找到，也可以从一些星空模拟

当镜筒撞上赤道仪

为了跟踪观测目标从东到西的移动，你可能需要进行子午圈翻转——这里介绍了如何 3 步完成这一操作。

赤纬轴

1. 如果你的望远镜镜筒在你跟踪某个在夜空中移动的天体时撞到了三脚架上，请在赤经方向上将望远镜旋转 180 度。

2. 接下来，旋转赤纬轴，使望远镜镜筒再次指向目标。你可以调整赤纬轴刻度盘回到原来的位置。

3. 你已经准备好再次开始观测了。一般在观测天空中最高的天体时，通常需要进行子午圈翻转，此时镜筒是垂直向上的。

软件中找到。

前往织女星

松开赤经轴和赤纬轴上的锁，移动望远镜，直到它或多或少与恒星在视觉上对齐，然后使用慢动控制和寻星镜准确对齐目标。

现在看看设置赤经的圆形刻度盘。如果你是第一次设置，它可能不会读取你之前查找的赤经位置。如果是这样，勿需担心：只需要旋转赤经刻度盘，直到指针读取的坐标正确为

止。赤纬刻度盘应该是固定的，所以你不必担心它会偏离校准。现在你可以使用刻度盘来找到你想要的恒星，仅仅是通过移动望远镜轴，使刻度盘与天体的赤纬和赤经坐标相匹配。你也可以使用此方法来定位肉眼看不见的天体。

赤道仪现在开始发挥作用：当你惊奇地注视着你想看的恒星时，你只需要用慢动控制来调整赤经轴，让它在你的目镜中从东向西划过天空。如果你觉得时不时地进行慢速调整会有

些无聊，那么你可以在赤经轴上安装一个电动机，这样就能自动跟踪你的观测目标了。

至于赤纬轴，在你想看下一个不同的天体前，你都不需要调整赤纬或是赤经慢动控制。你只需查找下一个目标的坐标，然后移动赤纬轴和赤经轴，直到圆形刻度盘给出正确的读数即可。

因此，一个设置得当的赤道仪几乎是完美的解决方案。但是，有一件事它不能做，那就是跟踪某个天体一直穿过天空。总会有那么一刻，望远镜镜筒底部会碰到三脚架的支撑腿，尤其是望远镜镜筒较长的时候。幸运的是，有一个简单的技巧可以避免出现这种情况，这个技巧叫作"子午圈翻转"。

希望你在阅读了赤道仪使用指南的这 3 个部分后，现在能更有信心地使用赤道仪。近两个世纪以来，天文学家一直将望远镜安装在这种装置上，现在你也可以。

调整赤纬轴可以使望远镜朝南北方向移动。

调整赤经轴可以使望远镜朝东西方向移动。

自动寻星望远镜

使用自动寻星望远镜，按一下按钮就能找到天体。

为了了解现代科技对天文观测的影响有多大，我们来看看这种望远镜。自动寻星望远镜基本上也算是普通的望远镜，但在它的赤道仪上增加了一个电动机和包含数万个天体的夜空数字地图。所有这些都不是望远镜自身的功能，而是归功于一个叫自动寻星的系统。

正确设置了自动寻星系统之后，只需使用手柄上的按钮选择想要观测的天体。就在这个时候，电动机启动了，整个机械运转起来，自动转向你选择的天体，使其最终出现在目镜中。听起来很简洁，不是吗？

当然如此，但是也有理由去说明为什么自动寻星望远镜会附带内容详实的使用手册。在你能够自由自在地观测天空之前，在你所选择的天体出现在你眼前之前，你首先需要正确地设置自动寻星望远镜。使用"自动寻星系统"并不是一开始就有的现成的观星方法。

设置

为了让自动寻星望远镜发挥作用，你需要先了解一些事情。首先，不是每个自动寻星望远镜都有相同的设置程序，这些程序也不都像其他程序一样容易执行。因为自动寻星望远镜太复杂了，在选择购买前，你应该做大量的研究，以避免购买了永远不会使用的自动寻星望远镜。

计算机需要知道一些基本信息：你所在的位置、日期和时间。有了这些关键的细节，望远镜就可以在它的内存中正确地定位星图。一些望远镜自带 **GPS** 接收器，用于帮助其初始化。

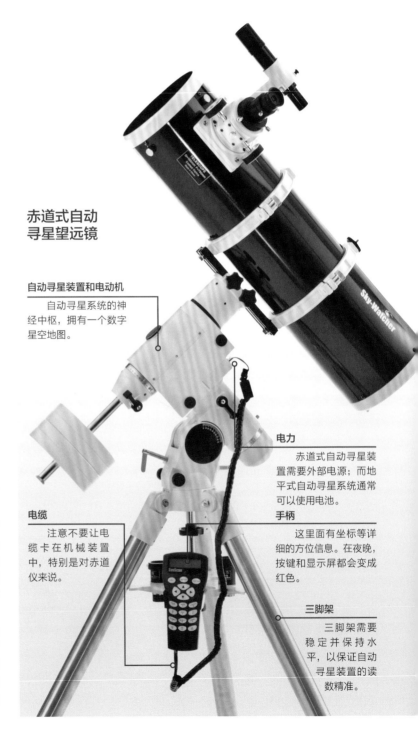

赤道式自动寻星望远镜

自动寻星装置和电动机
自动寻星系统的神经中枢，拥有一个数字星空地图。

电力
赤道式自动寻星装置需要外部电源；而地平式自动寻星系统通常可以使用电池。

电缆
注意不要让电缆卡在机械装置中，特别是对赤道仪来说。

手柄
这里面有坐标等详细的方位信息。在夜晚，按键和显示屏都会变成红色。

三脚架
三脚架需要稳定并保持水平，以保证自动寻星装置的读数精准。

经度和纬度

如果你生活在一个小城镇或农村环境中，手柄里的计算机数据库可能没有你所在地区的详细位置信息。在这种情况下，你需要提供纬度和经度坐标。

你可能需要将位置的纬度和经度从十进制版本转换为小时、分和秒的单位。

如果你在赤道以南，就用负号表示纬度，因为它表示南半球。对于经度，负号意味着位置在格林尼治子午线以西。

某种安装在地平式底座上的自动寻星望远镜。

格林尼治子午线标记的 0 度经线。

现在你已经为极轴校准做好了准备。首先，确保三脚架和望远镜是水平的。如果望远镜放置在倾斜的地面上，而你没有做好调整，那么你将错过观测目标。对于使用在赤道仪上的自动寻星系统来说，尤其如此。使用这样的自动寻星系统，你首先应该对赤道仪进行极轴校准。然后，自动寻星系统会要求你在目镜中心测试几颗校准星。当你做完这些，你就可以正式开始观测了。

自动寻星系统也可以安装在地平式底座上——可以是单臂的，也可以是叉式的。使用地平式装置，你需要在视场中央测试一到两颗校准星。无论是赤道式还是地平式自动寻星系统，你对准的校准星越多，你的寻星系统就会越精确。如果你打算做天体摄影的话，这一点尤为重要。

最后请记住，在这个高科技产品中有一个重要的东西——电源。请随身携带备用电源，或者考虑购买一个充电宝，以确保在观测过程中不会耗尽电量。

自动寻星系统的优缺点分析

缺点

- 数据库可能包含成千上万的观测对象，但你实际可以看到多少还取决于望远镜的光学性能及视宁度。
- 你需要确保电池有足够的电量支撑整个观测过程——自动寻星望远镜一旦没电以后是无法进行手动观测的。
- 望远镜自动定位所有的观测对象，而不必进行手动调整，你可能会与一些有趣的天体擦肩而过。
- 为了准确地定位观测对象，每一次观测都需要校准自动寻星系统，这需要花费不少时间。

人工照明造成的光污染会使人们很难看到星星。

优点

- 在有光污染的天空，恒星显得暗淡，你会发现难以利用星桥法来找到它们的位置，这时使用自动寻星系统能让一切都变得容易。
- 自动寻星系统适合天体摄影，不会出现星光拖曳现象，因为望远镜可以跟踪天体在夜空中的运动。
- 如果你计划给朋友展示一些夜空中的天体，自动寻星系统快速而高效。
- 当有新发现的彗星或超新星时，自动寻星系统的数据库可以进行更新，这样你就可以快速、轻松地找到新的观测目标。

黑暗的地方很少会有电源插座，所以你要注意电池问题。普通望远镜没有跟踪功能。

挑选配件

如何机智地挑选天文观测配件。

目镜和滤镜是很好的早期投资，它们会对你的观测体验产生巨大的影响。

我们过去常听人说："望远镜是最重要的部分，对吧？"对一些人来说，它是让你成为天文爱好者的东西，在他们看来，它是观星的起始和终结。显然，他们错了。

如果没有合适的底座云台、三脚架和目镜，望远镜就什么也不是，而这仅仅是天文配件这个新兴世界的冰山一角。有时被斥为"附件"，但却往往是让观星成为享受和满足的重要部分。

事实是这样的：有数百种配件供你挑选。一旦你对你的望远镜基本配置感到满意——我们假设你对底座云台和三脚架感到满意——接下来你会添加什么？你需要投资什么？

最好从最基本的配件开始——目镜。大多数望远镜都有一两个目镜，但这并不能保证它们的适用性和质量都让你满意。你的目镜和望远镜的主镜或透镜一样重要，因为它们能把望远镜所收集到的光放大，并投射到你的眼中。光学质量差的目镜可能会引起畸变，并使观测效果变差。如果你戴眼镜，你可能会想买一个出瞳距离特别长、让观测更舒适的目镜。

在寒冷的夜晚，防霜器会自行发挥作用，而电源包则提供了便携性。

样，如果你能从厨房简单地接上一根延长线通电，那么用于电动底座的便携式电源可能就不是刚需了；但当你出门在外时，它们就变得非常宝贵了。

选择困难症

如果你将兴趣延伸到天文摄影，那么还有更多的配件可以考虑。除了连接到望远镜的相机和转接口，还有滤镜转轮可以帮助你快速地切换滤镜，自动导星器可以帮助你在长时间的成像期间让目标保持在中心，防霜器可以保持视野无雾。以上还只是几个常见的例子。

请记住，配件不必与望远镜本身相连。如果你想泰然自若地使用星桥法在夜空中寻找恒星，星图、指南书甚至是智能手机的天文应用软件都是无价的——另外，如果你没有红光手电筒来辅助阅读，那么你将很难保持你的夜视能力。

天文爱好者喜欢配件，甚至可以说，我们星系中的每一颗恒星都有一个适合的天文配件。然而，我们在这里主要是为了说明，配件是工具包中至关重要的一部分。如果你想获得最好的体验，那么挑选最适合你、最适合你的设备和最适合你的观测目标的配件将是值得仔细考虑的事情。

核心配件以外

你应该同样注意那些经常与新望远镜捆绑在一起的配件：寻星镜、巴罗镜和（折射望远镜和折反射望远镜搭配有的）星对角镜。除了这些核心配件之外，你添加到天文工具包中的配件完全取决于你想要实现什么。

例如，滤镜可以帮助你在夜空中看到更多的细节，你需要什么样的滤镜，取决于你是想分辨出火星上的极冠还是模糊的发射星云区域。如果你生活在一个有很多路灯的城市，你可能会发现，无论你想看什么，光污染滤镜显然是最重要。

另一方面，如果你经常把你的望远镜带到一个黑暗的天空观测点，那么一个强大的行李箱可以让你的望远镜完好无损地到达那里并且返回。同

一些供入门级天文爱好者参考的有用配件从左至右为：防霜器、滤镜转轮、红光手电筒和智能手机的天文应用软件。

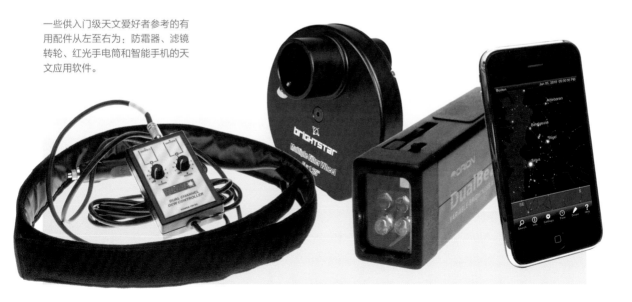

目镜入门

目镜可能个头很小，但它们却能确保你从观测中获益匪浅。

你需要很长一段时间才能意识到目镜的重要性。说它们既能成就也能毁掉一个业余天文学家可能有点过分，但当你第一次使用一个质量上乘的目镜观测时，你肯定会意识到，这么多年来你一直在观测的天体本来是可以看得更清楚的。这一切都是经验教训。一些天文学家也很高兴多年来曾经与低质量目镜所做的斗争，因为这让他们认识到如何才能正确地观测星空。

以合理价格出售的小型折射望远镜通常都配备有一个金属三脚架、一个基本的地平式底座云台、一个寻星镜、一对儿目镜和一个能将放大率翻倍的巴罗镜。

望远镜底座下通常会有一个目镜托盘，架在三脚架的支脚之间并配备有巴罗镜——这是观测时非常有用的配件。由于目镜的长度因其放大能力的不同而略有不同，因此当你想要改变视场时，很容易就能在黑暗中分辨出不同的目镜。使用这样的小型折射望远镜及其配件，你也能享受许多美妙的观测经历。

大多数小型折射望远镜或反射望远镜所配备的目镜的质量并不是最好的，但却能满足你的观测需求，尤其是如果你能在每次观测结束之后把它们放回到小小的目镜盒里并能够保证目镜一尘不染。在把这些看似无关紧要却不可或缺的目镜放进望远镜里时，千万不要划伤或者损坏它们。如果做不到这一点，那么就意味着你很快就需要更换它们，

术语克星

出射光瞳

这是目镜出射所成图像的大小。理想情况下，它应该接近于你在适应黑暗后的瞳孔大小——大约5毫米到7毫米。

适瞳距

这是你的眼睛看到整个目镜视场时，眼睛距离目镜的距离。如果你戴眼镜，那么距离大一些更好（更长的适瞳距）。

视场

这一术语有时缩写

为FOV，它表示透过目镜所能看到的天空大小。视场大小是以度数来表示的。

放大能力

这是放大率的另一种称谓，望远镜负责收集光线——而目镜负责放大图像。

目镜安装在望远镜的聚焦器里，由一颗小小的螺母紧紧固定。

目镜的工作原理

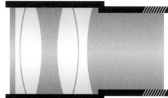

普洛目镜

在 25 种左右的目镜类型里，普洛目镜会是你最常听到的一种，因为它是最为常见的目镜。它的内部由两个背对背的凸透镜和凹透镜构造而成，高质量的镜片使其制作成本高昂，购买价格也相当昂贵。普洛目镜的优点是视场广阔（约 52 度），但如果目镜的焦距在 12 毫米以下的话，其适瞳距可能会有些短。

巴罗镜

与其说巴罗镜是目镜，还不如说它是目镜的最佳搭档。巴罗镜在光进入目镜前将其拦截。它的作用是将单独一支目镜的放大率翻番或是翻 3 倍。因此，你需要仔细地购买目镜，并使用一个质量上乘的巴罗镜来有效加倍目镜的放大倍数。

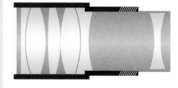

超广角目镜

顾名思义，超广角目镜会为你提供超宽的约 82 度的视场，这是极其巨大的视场。也有一些"广角"目镜拥有约 67 度的视场，但通过超广角目镜看到的图像是不可替代的。如果你拆解一个超广角目镜（当然不推荐你这样做），你会发现它有 6 或 7 片镜片，所有的镜片都被镀膜，从而提供了最佳的聚光性能。

镀膜

当光线穿过目镜中的镜片时，会有一小部分光线损失掉了。为了尽量减少光线的损失，制造商会在镜片上镀上镁或氟化钙等物质。最好的目镜是那些被称为"多层全光学面镀膜"的目镜，不过"多层镀膜"的目镜也很不错。尽量避免使用那些被称为"全表面镀膜"或仅仅是"镀膜"的目镜。测试镀膜好坏的方法是在目镜的底部盖上黑色的镜帽，然后在日光下向下观看目镜筒。镜片的颜色看起来越深，损失的光线就会越少，目镜也就越上乘。

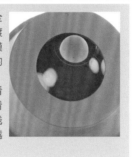

当然这也可能让你尽快认识到它们的重要性。

目镜和望远镜的主透镜或主反射镜一样重要。它将望远镜收集并聚焦的光线成像进入你的眼中。这听起来似乎很简单，但如果你想获得真正优良的图像，你就需要性能更好的目镜。

价格和性能

保持目镜处于最佳状态的另一个原因是目镜的更换成本——这也是为什么在购买观测器材时，目镜并不总是需要主要考虑的配件的原因之一。质量越好的小型圆柱形目镜越会按照特别高的标准来制造。一些目镜内部有多片玻璃透镜，它们组装搭配在一起，被打造成经久耐用的精美配件。

目镜的口径也展示了目镜构建的优良程度。如果目镜筒的直径小于 **2.54** 厘米即 **1** 英寸（大多数目镜都是用英制单位来描述的），那么它很可能是购买廉价望远镜时附赠的。但实际上，无论是这种廉价的望远镜还是它附赠的目镜，你都不会用太久。大多数入门级的望远镜都有一个 **3.175** 厘米（**1.25** 英寸）的目镜筒；然而当你买到真正质量上乘、价格昂贵的器材时，你会发现它的镜筒会有 **5.08** 厘米（**2** 英寸）粗。

挑选目镜

使用正确的目镜，确保你能看到最好的夜景。

望远镜和目镜哪个更重要？望远镜得到了很多关注，因为它是你整套器材中最昂贵和最令人印象深刻的部分，但没有像样的目镜，你得到的观测效果可能会令人非常失望。

理想情况下，你需要的是一套适合观测的目镜，因为不同的焦距有助于更好地观测不同类型的天体。依据所使用的望远镜，每个目镜都有着不同的视场大小和放大倍数。

尺寸很重要

要算出目镜的放大倍数很简单，只需用望远镜的焦距除以目镜的焦距即可。望远镜的焦距一般标识在靠近目镜那一端的铭牌上。而像样一点的目镜的焦距都以毫米为单位并标示在其扣环周围。例如，要计算使用 **25** 毫米焦距目镜的 **800** 毫米焦距望远镜的放大倍数，只需用 **800** 除以 **25**，放大倍数等于 **32** 倍。这一组合可以把你在目镜中看到的物体放大 **32** 倍。

对于较为广阔的星云和星团，这就是你想要的放大倍数。为了获得更高的放大倍数，或许你会用 **10** 毫米目镜，那么你会得到行星和双星更详细的图像。

随着你在天文学方面的进步，毫无疑问，你会开始尝试各种各样的目镜，以提供不同的视角。所以，你一定不要低估这些看似微不足道的天文配件！

> "因为不同的焦距有助于更好地观测不同类型的天体。"

了解你的目镜

目镜主要有 4 种类型，而巴罗镜可以增大目镜的放大倍数。

普洛目镜

普洛目镜有广阔的视场（约 52 度），它可以成功应用于行星和深空观测。缺点是焦点长度为 12 毫米或更短，导致出瞳距离非常短。出瞳距离是指你的眼睛必须离目镜多远才能看到整个视场。

普洛目镜的内部结构由两个背对背的透镜系统组成。质量最好的普洛目镜和那些廉价产品相比，价格相差很大。

瑞迪安目镜

瑞迪安目镜是市场上较新型号的目镜之一，拥有与普洛目镜类似的视场。你可能想知道它们有什么区别：瑞迪安目镜的出瞳距离很长——即便是它的焦距只有 3 毫米。如果你在观测的时候需要戴眼镜，它将是你的救星。这种目镜设计适合中、高倍的放大倍数，以便在观测行星时能够看到足够的细节。瑞迪安目镜内部，有 6 个或 7 个焦距非常短的透镜元件。

纳格勒目镜

纳格勒目镜最令人印象深刻的特性是其巨大的视场。当其他制造商把目镜的视场保持在人眼 50 度视场范围内时，纳格勒公司加倍努力超前开发了具有超宽 82 度视场的目镜。想象一下你所能看到的令人惊叹的星空和星云的景象吧！纳格勒目镜包含 6 个或 7 个元件，所有的元件都镀上了特殊的化学物质，以提高目镜的通光量。这种类型的目镜的缺点是重量，可能需要你重新平衡你的望远镜。

无畸变目镜

在普洛目镜大放异彩之前，有很多其他的目镜是许多业余天文学家的偏好，但无畸变目镜仍然是很好的小目镜。它们拥有四元光学系统，并且具有很棒的出瞳距离。该目镜的设计还能非常有效地减少系统内因折射而损失的光量。尽管它们 40 度～45 度的视场不如普洛目镜大，但仍然是相当不错的多面手。它们在月球和行星的观测中特别有用。

用巴罗镜把放大倍数翻倍

这是一件了不起的工具。它实际上不是目镜，只是一种与目镜搭配在一起的提高放大倍数的光学元件。它是通过一个非常简单的过程来实现的：把目镜插入巴罗镜，然后将整个装置放到通常安装目镜的位置。利用巴罗镜，你可以将目镜的放大倍数提高一倍或两倍。这意味着，使用一个巴罗镜，你实际是让目镜的数量增加了一倍，从而放大倍数也增加了一倍。

视场

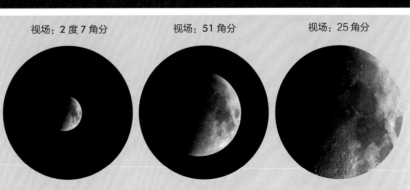

这 3 幅图显示了什么是视场。不用说，视场越宽，你能看到的天空就越广阔。这里显示的第一幅月球视图是使用 25 毫米目镜看到的。在下一幅图中，我们通过更换 10 毫米目镜，以更窄的视场更近地观测月球。最后一幅，当我们使用带有 10 毫米目镜的巴罗镜时，视场会更小。视场以度和角分形式在每幅视图上呈现。

视场：2 度 7 角分　　视场：51 角分　　视场：25 角分

25 毫米目镜和 650 毫米望远镜　　10 毫米目镜和 650 毫米望远镜　　10 毫米目镜装在 2 倍巴罗镜上，650 毫米望远镜

滤镜有多种形式，它们的效果也各不相同。有些可以帮助你更好地观察行星、其他星系和星云。

理解滤镜

这类小配件能让你的所见有天壤之别。

如果在你的天文工具箱里有一种被严重忽视并且未被充分利用的工具，那么它一定是滤镜。这些通常色彩缤纷的圆盘有 **3.175 厘米（1.25 英寸）** 或 **5.08 厘米（2 英寸）** 大小，可以旋进目镜筒内，而目镜筒的一端与望远镜相连。滤镜的作用是改变被观测天体的呈现方式，它们的工作原理是通过阻止（过滤）某些波长的光通过望远镜镜筒，从而改变你从目镜中看到的东西。

这违背了传统的天文学认知，即每个光子都很重要，更多的光子意味着更好的图像呈现。但这正是滤镜的意义所在：滤镜滤去你不需要的光，只提供你在特定情况下需要的光。这就是为什么有这么多的滤镜种类。有些是彩色的，有些是透明的，但每一种的效果都略微不同，并且在设计时有着不同的目的。

有时效果是卓越不凡的：例如，一些滤镜可以提高火星极冠的清晰度，并能让原本平淡无奇的金星圆盘显示出云层的细微阴影。不过，不得不说，

中性密度滤镜可以减少明亮物体的眩光，从而提高对比度。

彩色滤镜

彩色滤镜用于观测行星。它们通常用雷登序号来指代，类似于"#1"的风格。这种写法基于最初的伊士曼柯达滤镜系列，它有 100 种色度。对于大多数天文观测，只需要几种色度，其中最有用的如下几种。

#8（黄色）——可用于观测木星和土星上的云带。
#25（红色）——可以展现火星表面和金星云的细节。
#47（紫色）——对金星很有效，可以增强施洛特效应。
#58（绿色）——用于改善红色特征，如木星的大红斑。
#80A（蓝色）——用于展现火星的沙暴和云层，以及木星的环带。

超高对比度滤镜

像窄带滤镜一样，超高对比度滤镜可以改善对比度，使背景天空更暗，让深空目标更好地脱颖而出。它能够同时让氢贝塔线和氧Ⅲ线通过，相比其他任何一种单一波长的窄带滤镜，超高对比度滤镜都能改善你对大范围星云的观测。

光污染滤镜

这类滤镜被设计用于抑制钠路灯发出的特定波长的橙色光，从而使背景天空变暗。这能帮你更好地观测深空天体，尤其是星云和星系，因为它们比行星更容易被光污染掩盖。

窄带滤镜

正如名字所暗示的，窄带滤镜只能保留特定波长的光——通常是明亮的发射星云或行星状星云发出的光。通过阻挡其他波长的光，这类滤镜有助于提高对比度，从而凸显细节。典型的窄带滤镜包括氢贝塔线滤镜和氧Ⅲ线滤镜。

中性密度 / 偏振滤镜

这两种滤镜都能降低明亮目标的眩光，如月球、金星、火星、土星和木星。中性密度滤镜可以降低所有波长的强度，特别适合在观测月球时使用。偏振滤镜一般可以调节和控制光量。

防色差滤镜

这类滤镜可以帮助你克服消色差折射望远镜常出现的色差效应，最常见的色差效应是明亮恒星周围出现的明显蓝色或紫色晕。因此，这类滤镜有时也被称为"削紫色"滤镜。它可以用于观测任何目标。

滤镜不能上演魔术，当视宁度差或遇上天空透明度差的时候，没有滤镜可以帮你让天空变清晰。

如何选择滤镜

无论是新手还是有经验的天文爱好者，大多数人都知道滤镜，并将它用于行星观测，就像前面描述过的那样，它可以梳理出隐藏的细节。但滤镜还有更多的种类，它们可以减弱月球的眩光，减少路灯暗淡的橙色光芒，甚至阻挡除一种特定波长外的所有光线。如果你想要观察天空深处的居民，它也可以发挥神奇的作用。我们将在上面的文字框中更详细地介绍所有这些滤镜。有些滤镜甚至可以一起使用以增强效果，但要记住，以这种方式叠加滤镜将进一步让图像变暗。

如果你在了解所有不同的滤镜类型后，你认为滤镜可能对你有用，那么你应该如何开始采购呢？许多人建议使用中性密度滤镜——也就是月球滤镜。这种滤镜能使视野变暗弱。因此，当我们的亲密伙伴月球处于令人眼花缭乱的满月相位时，利用滤镜观察它是很有好处的。

和往常一样，如果你能在购买之前尝试一下，那么就这么做吧——天文学会的活动和较为大型的观星聚会都是很好的机会，可以让你亲身体验不同滤镜所能提供的变化。

一旦你决定购买，要意识到，你并不总是能够买到单个的滤镜，尤其是彩色滤镜，它们通常是成套出售的。

如果你使用很多种滤镜，你可能会考虑购买另外一种配件——滤镜转轮。转轮有些是电动的，有些是手动的，但基本前提是一样的——它们允许你能够直接切换滤镜，而不必每次都摘掉目镜。

请注意，这里讨论的所有滤镜仅供夜间使用。在任何情况下，它们都不应该被用来观测太阳，因为它们不会降低太阳光的危险强度。但是，就像天空中的其他天体一样，通过不同的（经过认证的）滤镜观察太阳，太阳的外观会发生变化。有关太阳观测的更多内容，请参阅后文，请不要使用没有经过认证的太阳滤镜观测太阳。

天文摄影

用相机记录夜空的美丽其实很容易——你或许已经有了拍摄夜空所需的所有器材。

天文摄影是现代天文学中一个有趣且越来越受欢迎的内容，并且由于数码相机的进步，天文摄影也变得前所未有的容易和便宜。有正确的器材在手，天文摄影将为你留下永久的记忆，真正向你展示我们所在的神奇的宇宙。

拍摄夜空有许多不同的方法，但要找到适合你的拍摄方式和实际拍摄过程一样令人望而生畏。

不过，事情并不像看上去那样糟糕。你可以不需要专业的器材；甚至不需要一台独立的照相机——最有可能的是，你口袋里智能手机的拍照功能就能让你利用望远镜的目镜来拍摄一张相当好的月球照片。

你也不必等到天空完全变黑。月球、明亮的大行星和夜光云都可以在黄昏的天空中看到。

对于新近的天文摄影家来说，功能最全的相机是单反相机，它可以安装在三脚架上或通过转接口连接到望远镜来拍摄广阔的天空。单反相机有着适宜于天文摄影的功能，包括宽的 **ISO** 范围、可更换相机镜头以及能让你想曝光多久就曝光多久的 **B** 门。单反相机功能一体化、携带方便，拍摄后即可察看图像，因此你可以及时调整设置以获得最佳的拍摄图像。

开始拍摄

当在弱光下使用单反相机拍摄时，相机快门需要比白天更长的曝光时间以便收集所需的光线——也许需要几秒钟。如果你用手拿着相机，在曝光过程中想要一点都不抖动几乎是不太可能的，这会让你所拍摄的照片变得模糊。要解决这个问题，你需要一个稳定的三脚架。

有另外的被称为快门线的神奇配件可以使用。它让你能够远程操控快门，在按下快门按钮的时候不会产生任何抖动。如果你的相机具有延时功能，也就是在拍摄前会等待 **10** 秒左右，那么这个功能和快门线一样有用。打开定时器，按下快门按钮，往后站，等待快门的打开和关闭。

专业消费级和微单相机近年来已有长足进步，它们能够让你更改各种设置，拍出出色的照片。也有更多的专业相机——具有高帧率和制冷 **CCD** 器件，分别擅长拍摄行星和深空成像，但它们不太适合初学者。

如果你已有一个小型望远镜，你也可以尝试最直接的成像技术，即无焦成像。这种成像技术的名字来源于简单地把相机对准望远镜的目镜。你可以使用数码单反相机、傻瓜相机，甚至是智能手机来实现这一点。最难的事情是确保相机与目镜保持成一线，并保持手的稳定。

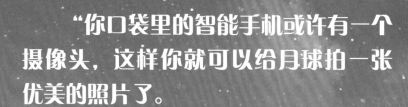

"你口袋里的智能手机或许有一个摄像头，这样你就可以给月球拍一张优美的照片了。

学习如何拍摄星空

你可以从以下 3 个非常棒的入门项目开始你的天文摄影之旅。

项目 1: 暮光美景

　　这是开始你的天文摄影旅程的好方法。寻找一幅包括黄昏天空、一轮低空新月以及一两颗行星的美妙构图。如果你能在构图框架中加上一些树木或建筑物，相对天空形成剪影，那么你会得到一幅更棒的照片。如果你有一台数码单反相机，请将其设置为手动模式，这样你就能得到各不相同的图像。把单反相机固定在三脚架上，尽可能地把相机的光圈调大。关掉自动对焦，要不低光照会导致相机来回搜索对焦；接着将焦距手动调到无穷大，使用不同的曝光时间，直到获得满意的照片。

项目 2: 星轨

　　拍摄星轨的目的是捕捉恒星随时间的运动，从而展示地球的自转运动。除了安装在三脚架上的相机外，你还需要一根能远程控制的快门线。相机必须对准天空很长一段时间才能显现出恒星的运动——曝光时间可以从 15 分钟到几个小时不等。相机快门打开的时间越长，恒星的轨迹就会越长。在这样的长时间曝光下，任何光污染都会显现出来，因此天空越暗、越晴朗越好。一定要把北极星也包括进来，这样天空看起来像是在绕着北极星旋转。

项目 3: 月球无焦拍摄

　　你需要一台望远镜来拍摄月球，但可以用任何类型的相机——甚至是智能手机。将望远镜对准月球调好焦距，然后把相机放到目镜后面，按下快门。调整好相机与目镜的角度，然后保持相机稳定，这是最棘手的一步。能在相机屏幕上实时地看到图像让这一步会变得容易一些。为了达到最佳的拍摄效果，可以使用具有较长适瞳距的目镜，因为相机镜头可能不能像你的眼睛那样靠近目镜，这会让你错失部分图像。如果你的相机视场比目镜视场更大，那么图像边缘可能会变暗。

术语充电

曝光（快门速度）

　　快门速度决定了成像芯片暴露在经过镜头聚焦的光线下的时间。在长时间曝光时，快门打开的时间更长，能让更多的光线照射到相机的传感器上。

光圈（f/ 数）

　　光圈控制着能够到达成像传感器的光量。镜头光圈决定了 f/ 数的大小，从而增加或减少通过镜头的光量。小 f/ 数，比如 f/1.8，意味着光圈最大，能让最多的光线通过。大 f/ 数，比如 f/8，意味着通过的光线少，但却由于焦距更长，能够提供更清晰的图像。

ISO 设置（灵敏度）

　　ISO 是数码相机传感器灵敏度的国际标准。ISO 越低，相机对光的敏感度就越低。低 ISO 值通用于拍摄明亮的天体，比如满月；高 ISO 值，比如 3200 左右，能让你拍摄到暗弱的天体，但会导致拍摄质量下降。

噪点

　　噪点是你所拍摄的照片上不同像素呈现的随机的"错误"颜色图案。通常是由于灵敏度设置过高造成的，你可以使用图像叠加等技巧来减少噪点。现代的相机，尤其是那些传感器更大的相机，受噪点的影响更小。

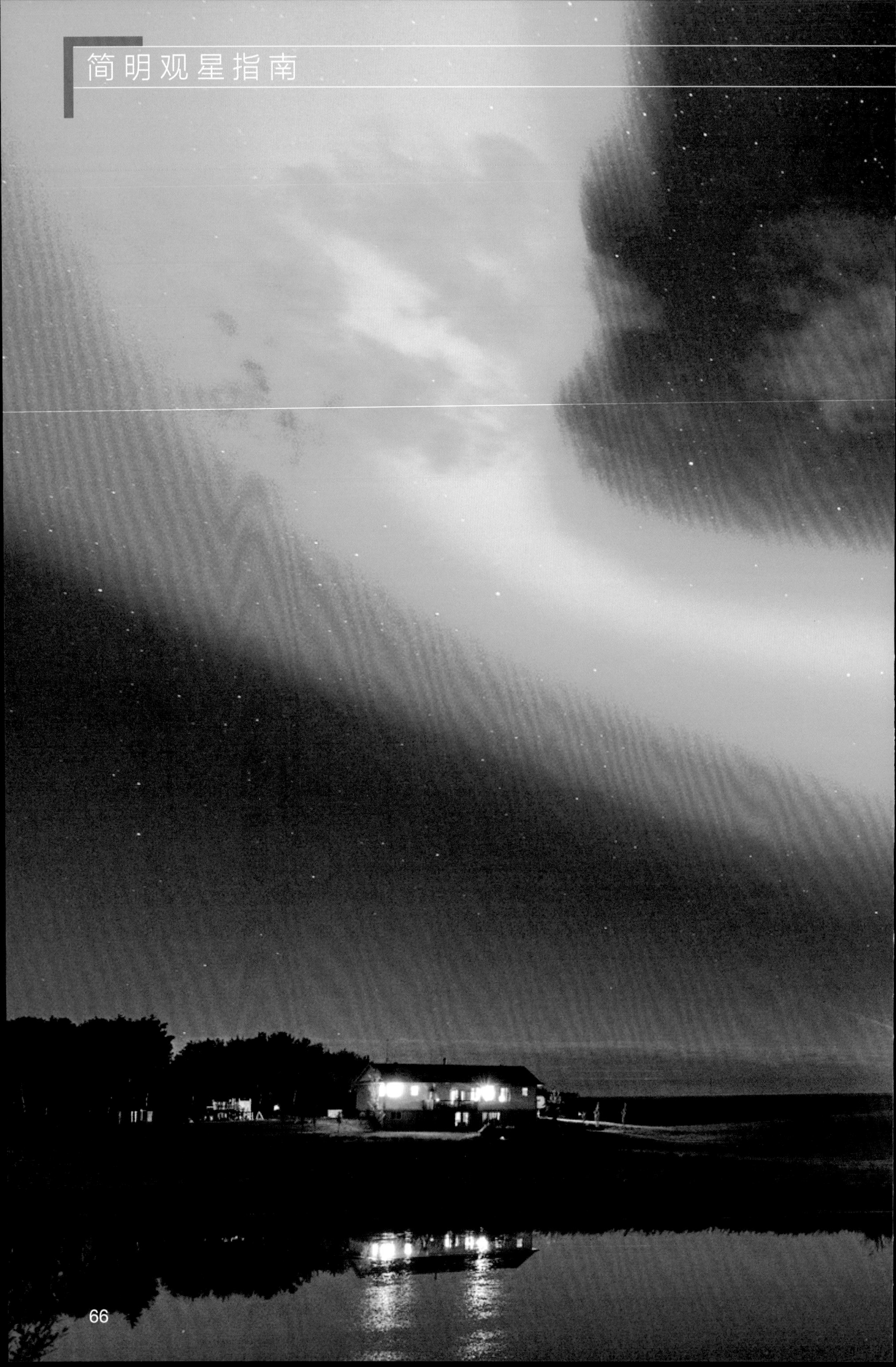

观测太阳系

我们的观测旅程始于太阳系，一个我们称之为家的空间区域，它凝聚于 45 亿年前形成太阳的那团星云外部。一个碎屑盘环绕着年轻的太阳，盘中的岩石和颗粒逐渐粘连在一起，变成越来越大的团块，最终形成行星。在太阳附近，由于太热，挥发性化合物被蒸发，于是岩石和金属的世界——水星、金星、地球和火星就诞生了。在更远的地方，冰和气体可以存在，于是气态巨星——木星、土星、天王星和海王星得以形成。

而这些只是冰山一角——我们的太阳系至少还有 5 颗矮行星和无数的小行星。我们经常看到来自远方的彗星，它们留下的碎片每年都会产生流星雨。当然还有月球，地球绕太阳运行时的永久伴侣。我们将在接下来的篇章里介绍如何观测它们以及观测更多的目标。

月球

我们地球唯一的天然卫星是所有天文爱好者的乐园。那里有许多有趣的景观，而且总是会有新奇的东西可以被展示出来。

作为地球上潮汐现象和微妙的生物钟周期的来源，也是人类迄今为止唯一涉足过的一个外星世界，月球似乎对我们来说是个熟悉且实在的地方。它的直径是地球的 1/4，距离地球 40 万千米，是我们到金星距离的 1/100。由于月球距离近、亮度高、视直径大，我们很容易就能理解为什么几个世纪以来月球一直让人着迷。

望远镜出现前的观测者注意到，月球上有着呈暗色斑块的不变图样，这些暗色斑块后来被称为月海，因为它们被认为是月球上的巨大水体。

我们之所以每个月都能够看到同样的月球特征，是因为月球相对于地球是同步自转的。也就是说，在绕地球公转一圈所需的 27.3 天（恒星月）内，月球还完成了一次自转。

同样明显的是，月球面对地球的那一半的光照在一个月内会发生变化——顺便说一句，这正是"月"这个词的来源。虽然太阳总是会照亮半个月，但我们所能看到的被照亮的那一面的比例取决于月球在绕地球公转的轨道上的位置，于是这就产生了我们所看到的月相。

想象你从高处俯视地球、月球和太阳。当这 3 个天体排成一条直线，中间是月球时，月球将太阳光反射向远离地球的方向，形成新月（这时几乎看不到月亮）。此后，月亮慢慢以新相位出现在夜空中，一天天变大。我们用"渐盈"描述这一阶段。在新月一周后我们看到的月亮则变成一个明亮的半圆。

简明观星指南

这就是上弦月，也许有点令人困惑，它指的是月球位于其 29.5 天周期的轨道上的第一个 1/4 位置处，而不是指月球被照亮的一面的 1/4 被地球上的我们看见时的特殊位置。上弦月相位后被称为盈凸月。月亮的视面不断增大，直到新月之后大约两周，月球位于其绕地球公转轨道与太阳相对的另一边，满月出现了。当这 3 颗星球在一条直线上时，出现新月和满月的两个点被称为"朔望"。

满月之后，相位出现反转，月亮被照亮的部分看起来开始缩小。在经历了亏凸月之后，月球到达其公转轨道的 3/4 位置处，这就是下弦月，即"最后一个 1/4"。月球再次变成半圆，这一半圆与上弦月时被照亮的那一半正好相反。在此后大约一周的时间，月球又会经历一轮残月的亏缺。在清晨的天空中我们可以看到这些变化。月球需要 29.5 天的时间来完成这个圆缺循环的"阴历月"周期，比其完成绕地球公转轨道一圈的时间要稍微长一点。这就是所谓的朔望月。

月球是开始你的观测之旅的理想起点，因为它的视面大，又非常明亮，有着令人惊异的细节。让大多数初学观测者感到意外的是，月球的变化非常规律。虽然始终是同一个半球面面向地球，但我们看到的月球却在每日每夜地变化着。

你可能会认为满月是观测我们这个"亲密伙伴"的最佳时间，但事实并非如此。虽然此时是观看一些著名环形山（陨石坑）周围长而明亮的辐射纹的最佳时期，比如第谷环形山，但由于太阳高高挂在月球的天空之上，意味着没有阴影绰叠，于是让月球看起来略微褪色。

一般来说，观测月面特征的最佳时机是其处于月球的昼夜分界线——明暗分界线附近的时候。当太阳升起

月相

月球的外观因其相对于地球和太阳的位置而变化。

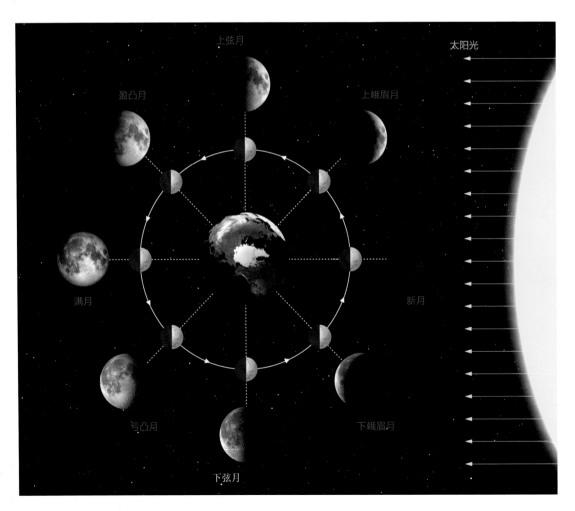

或落下的片刻，环形山的边缘和山峰会清晰地显现出来，并在月球表面投下漆黑的阴影，彰显它们的存在。那些距离分界线较远的地方几乎看不到任何阴影，也更难以辨认。

在月球运行周期的第 **0** 天，即新月这一天，整个月球的暗半球朝向地球。在接下来的 **15** 天里，明暗分界线慢慢地从东向西穿过月球表面，直到满月时月球圆面被完全照亮。然后，随着逐渐变暗的半球一天天向西移动，情况发生了逆转，直到月球在黎明前的曙光中消失，回到新月阶段。

摇滚的月球

月球的轨道运动产生了另一种对月球观测者有利的效应，我们称之为天平动，一种横摇摆动。月球的公转轨道是椭圆形的，因此它到地球的距离不是恒定的。当月球离地球最近时，它的公转速度较快，距离越远，公转速度越慢。这种微小的变化足以让月球绕它的自转轴来回"点头"，让我们偶尔有机会看到更多的一点月面东部或西部边缘的景观。

月球的公转轨道也是相对略有倾斜的，使得它有时出现在地球公转轨道平面的上方，有时出现在下方。随着时间的推移，我们可以一瞥月球的顶部和底部。总的来说，天平动现象使我们能够看到 **59%** 的月球表面，揭示出通常隐藏在我们视线之外的诱人特征。

月球术语

部分月面特征拥有拉丁名称，如下为它们的含义。

Catena......................	环形山串
Dorsum (pl. Dorsa)....	月海中脊
Lacus......................	湖
Mare (pl. Maria).........	海
Mons	山
Montes....................	山脉
Oceanus	洋
Palus......................	沼泽
Promontorium............	角
Rima (pl. Rimae)	裂纹
Rupes......................	悬崖
Sinus......................	湾
Terre (pl. Terrae)	高地
Vallis......................	谷

地球反照

月球不仅仅被太阳光照射，当它在傍晚或黎明的微光中呈细长的蛾眉月时，由于地球上的海洋和云层反射的阳光，有时可以看到月球的黑暗部分会微微发光。这种效应被称为地球反照。事实上，地球反射到月球表面上的光量比月球在满月时反射给我们的还要多。

用肉眼很容易看到月相的变化过程，月球整个正面以及地球反照和主要的月海。双筒望远镜可以增加你能看到的细节：除了更暗的月海外，你现在还可以看到独立的环形山和大型月球山脉，尤其是在靠近明暗界线的地方。取决于不同的双筒望远镜，你能发现的最小的环形山也将不同，但是一个 **7×50** 的双筒望远镜应该能很轻松地显示出直径约 **50** 千米的环形山的特征。

用望远镜看到的月球景象令人惊叹，而且魅力永驻。在低放大倍数下，能看到的细节数量也是惊人的，尤其是接近明暗界线的地方，那里的阴影确实有助于强调细节。使用短焦距目镜捍高放大倍数，可以让你更近距离地观察月球，实现"月球漫步"。

因为光学结构的不同，你通过天文望远镜看到的月球景象将与你用肉眼或双筒望远镜看到的不同。通过折射望远镜或折反射望远镜，我们看见的月球图像将从西向东翻转；而通过反射望远镜，图像将倒转过来。使用天文望远镜，你可能还会注意月球表面是否有轻微的摆动，是否有时甚至出现闪烁。这种效应是因空气在我们地球大气层中的流动造成的，气流越大，图像湍动就越厉害。

视宁度会分分秒秒不同，也会每晚不同。最好的观测时机总是在空气条件稳定，气流波动不那么剧烈时才出现。糟糕的视宁度会使细节丢失并使月面特征模糊。

十大月球观测景点

我们的邻居足以让天文爱好者忙上一辈子了，但对于你，可以将这
10 个特别景观作为观测的起点。

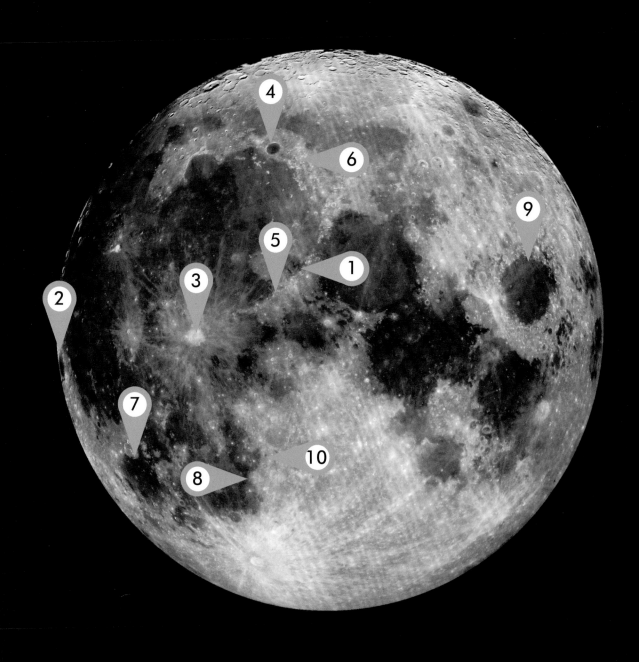

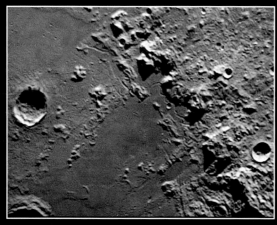

1　哈德利沟纹
器材：大型天文望远镜。

哈德利沟纹是阿波罗 15 号的宇航员探索过的著名景点之一，也是一个可以用大型天文望远镜探索的伟大目标。在适当的光照下，它出现在月球亚平宁山脉北端附近的一条蜿蜒的黑线上。

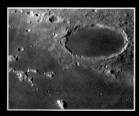

4　柏拉图环形山
器材：小型天文望远镜。

这个美丽的 109 千米宽的环形山坐落在雨海北部边缘的锯齿状地貌中。它有着平整的地貌，四围环绕着有趣的特点，包括柏拉图溪和特内里费山脉。

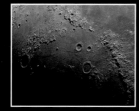

5　月球亚平宁山脉
器材：小型天文望远镜。

亚平宁山脉横跨月球表面，绵延 900 多千米。从侧面照亮时，山峰在周围景观投下巨大的黑色阴影，让它更加引人注目。

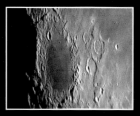

2　格里马尔迪环形山
器材：双筒望远镜。

肉眼可见的景观，用天文望远镜和双筒望远镜可以领略这个 173 千米宽的黑色盆地的许多细节，包括侵蚀的山壁、山脊和低矮的山丘。

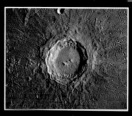

3　哥白尼环形山
器材：小型天文望远镜。

哥白尼环形山位于一个绵延数百千米的巨大明亮辐射纹系统的中心，这个 93 千米宽的环形山有着独特的台阶式边缘。

6　阿尔卑斯大峡谷
器材：小型天文望远镜。

割开月球的阿尔卑斯山脉，这个 130 千米长的山谷是月球表面最有趣的地貌之一。这个山谷甚至可以用小型天文望远镜观测到。

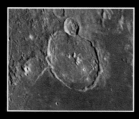

7　伽桑狄环形山
器材：小型天文望远镜。

这是位于湿海北部边缘的 110 千米宽的迷人环形山。在适合的光照下，你会看到地表有一个超华丽的月谷网络。

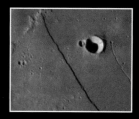

8　直壁
器材：小型天文望远镜。

这条长 110 千米的断层是最著名的直壁，它矗立月球表面以上 270 米。在伯特环形山附近能找到这条细黑线。

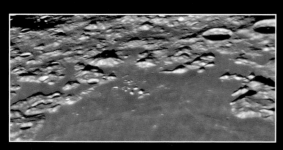

9　危海
器材：双筒望远镜。

这片面积为 620 千米 ×570 千米的月海是月球上最独特的地貌之一。它靠近月面东边缘，用肉眼可以清楚地看到它是一个黑色的椭圆形斑块。与其他月海不同，危海是完全独立的。它黑暗、看起来平整的表面有着较高的边缘，在明暗分界线接近和穿过月海时投下奇妙的阴影。

10　托勒玫、阿方索和阿尔扎赫尔环形山
器材：小型天文望远镜。

这 3 个巨大的环形山坐落在靠近月球中心的下侧。其中最大的是托勒玫环形山，它平整的表面上布满了许多小陨石坑。

太阳

通过白光滤镜和氢－阿尔法滤镜＊，我们可以发现这颗离我们最近的恒星的惊人动态本性。

氢－阿尔法

氢－阿尔法滤镜让太阳看起来比白色圆盘本身略大一些，因为它显示了位于光球之上的色球层。光球只有通过白光滤镜才能看到。

警告

不要用肉眼或任何未添加滤镜的光学仪器直视太阳。

活动区

透过氢－阿尔法滤镜，太阳黑子群，即太阳活动区会呈现出全新的面貌。部分隐藏在周围色球层之下的太阳黑子更难被看到，在它们周围，黑暗的纤维状物伴随着与黑子区域相关的强磁场。被称为谱斑的大而明亮的区域遍布太阳黑子群周围。

活动区

太阳圆盘的边缘似乎有一层薄薄的皮肤。这是色球层的横截面，在良好的视宁度下，你可以看到它是由被称为针状体的微小喷射物组成的。它们让太阳边缘看起来毛茸茸的。

日珥和暗条

透过氢－阿尔法滤镜，你可以看到巨大的受磁场影响的氢等离子体云挂在太阳边缘。这就是日珥，它们的形态每天都会变化，在极端情况下甚至会实时变化。当以远离边缘的色球层为背景来看时，日珥看起来会变暗，这时被称为暗条。

动态增亮

活动区也可能呈现有动态的明亮区域。被称为"埃勒曼炸弹"的微小星状光点可能会忽隐忽现，每一个释放的能量都与数百万颗原子弹释放的能量相同。被称为耀斑的更大的光带与磁重联事件有关，能够抛射出巨大的带电粒子云，被称为日冕物质抛射。

暗斑

氢－阿尔法滤镜揭示了太阳的内层大气，也就是位于光球层表面的色球层。色球层呈现粗纹理的、受磁场影响的明暗图样，被称为暗斑。这样的图样在整个圆盘上清晰可见，让太阳看起来就像一个巨大的橙子。

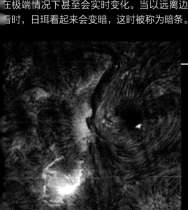

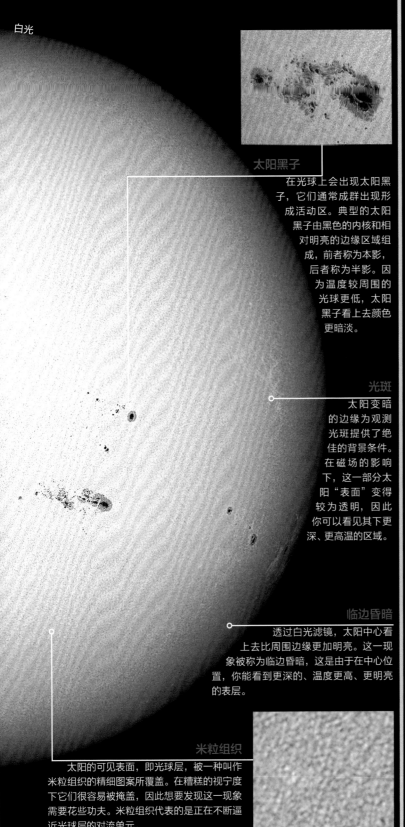

白光

太阳黑子

在光球上会出现太阳黑子，它们通常成群出现形成活动区。典型的太阳黑子由黑色的内核和相对明亮的边缘区域组成，前者称为本影，后者称为半影。因为温度较周围的光球更低，太阳黑子看上去颜色更暗淡。

光斑

太阳变暗的边缘为观测光斑提供了绝佳的背景条件。在磁场的影响下，这一部分太阳"表面"变得较为透明，因此你可以看见其下更深、更高温的区域。

临边昏暗

透过白光滤镜，太阳中心看上去比周围边缘更加明亮。这一现象被称为临边昏暗，这是由于在中心位置，你能看到更深的、温度更高、更明亮的表层。

米粒组织

太阳的可见表面，即光球层，被一种叫作米粒组织的精细图案所覆盖。在糟糕的视宁度下它们很容易被掩盖，因此想要发现这一现象需要花些功夫。米粒组织代表的是正在不断逼近光球层的对流单元。

观测方法

从 DIY 手工设备到精密仪器，你可以安全地对太阳进行观测。

投影

太阳投影适用于小型折射望远镜。通过将一个屏幕——通常是一张纸——放置在目镜后面进行观测。利用这种方法，可以看到太阳的米粒组织、太阳黑子以及明亮的光斑。

白光太阳滤镜

在任何种类任何大小的业余天文望远镜上，都可以使用一张并不昂贵的白色太阳观测片进行观测。一般为 A4 大小，透过它你可以观测到米粒组织、太阳黑子以及光斑。

私人太阳望远镜

像科罗纳多私人太阳望远镜（PST）这样的入门级氢－阿尔法天文望远镜一般会让你花费 800 英镑。这套设备能够帮助你看到日珥、暗斑、暗条以及许多与活动区相关的增亮现象，例如谱斑和耀斑。

氢－阿尔法望远镜与滤镜

要想观测更精细的细节，可以使用更大口径、带宽更窄的氢－阿尔法望远镜。这类望远镜通常需要几千或上万英镑。同样价位区间的氢－阿尔法太阳滤镜套装还可以用于夜晚观测的望远镜。

日食与月食

"食"是一种涉及太阳、地球和月球的，异常美丽的天象——它也是
宇宙中惊人巧合所导致的结果。

　　当大多数人想到日食时，想到的是日全食，是日食的最精彩的一刻，当太阳、月亮和地球排成一条直线，月亮完全遮住太阳的时候。但即使在此时，太阳的光芒也没有完全消失。虽然中间的亮圆面消失了，但我们有可能会看到美丽的日冕弧线，同时地球进入虚假的薄暮时分。

　　日全食只能沿一条狭窄的，被称为全食带的观测走廊观测。随着到全食带距离的变化，不在全食带的观测者将会看到不同大小的日偏食。地球上距离全食带很远的地方，甚至根本不能看到日食。

　　日全食的发生是一个奇妙的宇宙巧合——太阳比月球大 400 倍，但月球距离我们是太阳距离我们的 1/400，这意味着在大多数时间里，日、月在天空中看起来是一样大的。

　　月球绕地球的轨道不是一个完美的圆，这导致月球的视面大小每个月会变化 14%。当月球看起来最小时，它就不能再填满太阳的轮廓。当日食在这段时间发生时，将发生日环食而不是日全食：在月亮轮廓的边缘仍然可以看到一个薄薄的太阳圆环，这几乎和日全食一样美丽。也有一些非常罕见的混合日食事件，会从日全食过渡到日环食。

在天空中排成一线

　　我们知道日食发生时，太阳、月亮和地球在天空中排成一线。那么，

日食的几个阶段

初亏

月球第一次接触日轮，标志着日食的开始。

食既

月球完全进入日轮的那一刻，标志着日环食或日全食的开始。日偏食没有食既和生光。

最大食分

日全食或日环食过程中太阳被最大遮盖住时。

生光

当月轮与日轮的另一边接触，开始结束日全食／日环食，标志着日食结束阶段的开始。

复圆

月球尾缘与日轮断开接触，日食结束的时刻。

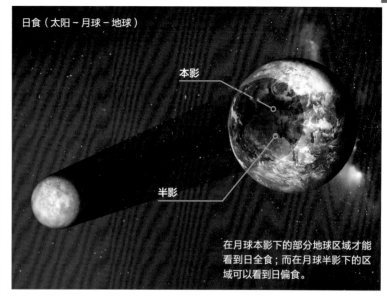

日食（太阳－月球－地球）

本影

半影

在月球本影下的部分地球区域才能看到日全食；而在月球半影下的区域可以看到日偏食。

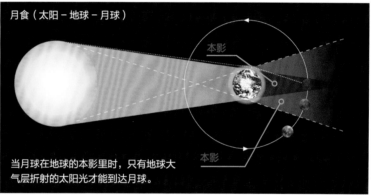

月食（太阳－地球－月球）

本影

本影

当月球在地球的本影里时，只有地球大气层折射的太阳光才能到达月球。

为什么我们每个月在新月时看不到日食呢？这是因为月球的轨道相对于黄道（地球绕太阳运行的平面）倾斜5.3度。这意味着，即使俯看地球、月球和太阳是排成一条直线的（被称为"朔"），月球在轨道平面上的高度也可能过高或过低，无法挡住太阳光。

虽然每次日食只在地球上的部分地区发生，但在某些时候，月球影子中最黑暗的部分会错过地球，这意味着地球上任何地方都不会发生日全食。比如，在2014年10月23日，当时在北美洲可以看到日偏食——但要看到日全食，你必须飞到北极上空几百千米高的地方。

日月同食

就像太阳会出现日食那样，月球也会出现月食。月食是月球进入地球的阴影，它比日食要容易发生得多，通常会持续一个多小时，而不是几分钟。

月食的程度取决于月球进入地球阴影的大小，以及它通过的阴影是哪一部分：较暗的本影或较亮的半影。

在月全食期间，整个月球会穿过半影进入本影，逐渐变暗，直到完全被遮盖。在全食那一刻，没有太阳光直接照射到月球上，但有些太阳光通过地球的大气层折射到月球上。由于我们的大气层滤去了蓝光，因此月全食时月球常常呈现出一种奇怪的橙褐色。

当月球进入月食阶段并逐渐变暗，天空也会变得更黑。这时你可能才会意识到满月有多明亮。月球蓝色的薄雾照亮了周围的天空，从中只能看到较亮的恒星。在月全食期间，越暗的月亮意味着越暗的恒星会出现。我们最后看到的是被闪烁的星星包围的深红色月亮。

月全食时月球变暗的程度可以用L0 ~ L4的丹戎标度来描述。由于月球只被透过地球大气层的光所照亮，它确切的颜色和黑暗程度将取决于大气层中的尘埃、火山灰及水蒸气影响太阳光路径的程度。1884年，喀拉喀托火山爆发后，大气层中的尘埃过多，月全食时的

月亮非常暗淡，几乎不能被辨认出来。

月食还有其他两种类型：月偏食，即只有月球的一部分经过地球的本影；半影月食，即月球的一部分只经过较亮的地球半影。月偏食是相当明显的，但半影月食通常只会引起轻微的变暗。

不用光学仪器就能观测月食。对于日食，你总是需要使用经过认证的滤镜，或者将日食投影到一张卡片上。唯一例外的、可以安全地直视太阳的时候是日全食过程中短暂的全食阶段。规则很简单：如果你对安全没有绝对的把握，就不要这样做。

行星

我们在太阳系的邻居也是天文爱好者的热门观测目标。

海王星

行星的数量多年来一直在变化。目前有 **8** 颗被正式认定的行星，以及 **5** 颗包括冥王星、阋神星和谷神星在内的矮行星。**2006** 年，因为在其轨道附近发现了其他大小与其相似（甚至更大）的天体，冥王星失去了行星的地位。要符合今天对行星的定义，亦即满足行星在自身的引力下呈球形以及绕太阳公转的要求，一颗行星的公转轨道上必须没有其他大小相当的天体，而冥王星并不满足这一条件。

如果我们把地球的北极看作是"上"并建立任意的参照系，那么所有行星都围绕太阳逆时针公转。太阳的引力"势阱"是巨大的——可以把太阳想象成一个在蹦床上压出一个大坑的巨大保龄球。而行星就像玻璃球一样，围绕着保龄球太阳沿着大坑边缘来滚去。它们离太阳越近，受到的引力就越强，为了避免被拉入太阳并被摧毁，行星就会公转得越快。

公转速度的大小会影响从地球表面看到的行星穿越夜空的方式。土星在天空中像在爬行，几乎没有在恒星之间移动，而水星移动迅速，意味着它的位置每天都在发生相当大的变化。除太阳引力的作用外，还需要考虑太阳光的影响。我们之所以能看到行星是因为太阳把它们照亮了。行星的亮度是由许多因素决定的，包括它们与太阳的实际距离，它们到你眼睛的距离，以及它们的大小、物质组成和颜色等。

水星的升起

因为水星和金星比地球离太阳更近，所以它们被称为"内行星"。观测它们的最佳时刻是它们与太阳的角距离最远的时候，即"大距"的位置。在这些时候，行星只被太阳照亮了一半。在这之后，它们又回到了太阳的强光中，变得不那么明显了。当水星和金星在东大距时，它们在日落后落下；在西大距时，它们在日出之前出现。太阳会两次干扰我们对内行星的观测：即当地球、内行星和太阳排成一线时，这两个点分别被称为上合与下合。

在地球轨道之外的行星被称为外行星。对观测者来说，它们与水星和金星不一样，因为它们可以整夜可见。当它们中的任何一颗与太阳和另外一端的地球排成一条线时，被称为合。观测外行星的最佳时间是当它们接近地球的时候。这时候叫作冲，亦即行星和太阳分别处于天空中相对的两边时，这时外行星的整个盘面都被照亮：视觉上，此时的外行星几乎是最大、最亮的。

太阳的引力"势阱"是巨大的——可以把太阳想象成一个在蹦床上压出一个大坑的巨大保龄球。

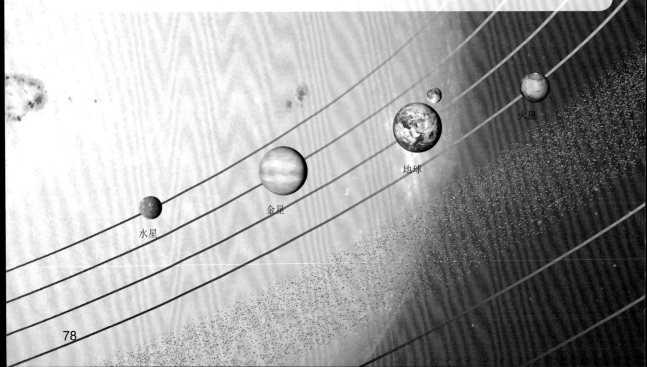

火星

地球

金星

水星

天王星

土星

木星

小行星带

内行星

上合

东大距   西大距

下合

太阳

地球

外行星

合

太阳

地球

冲

岩石行星

水星

直径：4880 千米。**卫星**：0 颗。**距离太阳**：5800 万千米。

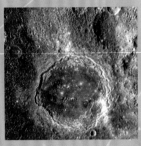

水星是离太阳最近的行星，它处在一个极端的地方。它是太阳系中体积最小、密度最大的行星，仅比我们的月球大一点点儿。水星自转一圈需要 59 个地球日，绕太阳公转一圈需要 88 个地球日。水星所处的位置意味着它面对太阳的一侧热得可以将铅融化，而阴影下的另一侧又冷得像南极洲。

各种原因导致观测这颗行星是个真正的挑战。它的移动速度很快，绕太阳公转的速度是地球的 4 倍，所以不要指望它会在天空的任何地方停留很长时间。水星的轨道是一个相当古怪的椭圆形，并且也有点倾斜，这意味着水星在轨道上的某些位置相比其他位置可能更适合观测，例如春天的傍晚和秋天的早晨。如果这些日子对你来说都不是问题，那么你可以选择其中任何一天进行观测，但因为水星永远不会离太阳太远，你只会有相对较短的观测期。

在春季日落 30 分钟后开始观测，你将有大约 45 分钟的时间去观测水星。在秋季将有更多的观测时间，你可以从日出前约 1 小时 45 分钟开始观测。

矮行星

直径范围：975 千米 ~ 2330 千米。

按照国际天文学联合会的定义，矮行星是一颗围绕太阳运转的天体（并非卫星），其形状呈球形（由于自身引力作用），但因为体积太小而无法清除其轨道上的其他碎片，因此不能被称为成熟的行星。这一分类是在 2005 年发现阋神星后形成的。阋神星是太阳系外部的一颗冰质天体，与当时被认为是行星的冥王星非常相似。经过激烈辩论，冥王星被降级到一个新创建的行星类别里，其中还包括太阳系外部的天体妊神星和鸟神星，以及小行星带内的谷神星。

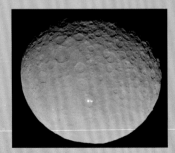

谷神星是最大的矮行星，但个头仍然相对较小，所以你需要双筒望远镜才能找到它。最佳的发现冥王星的方法是连续几晚拍摄它所在天空区域的图像，并寻找那个微弱的移动点。

金星

直径：1.21 万千米。**卫星**：0 颗。**距离太阳**：1.08 亿千米。

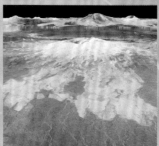

金星有时被称为地球的孪生姐妹——偶尔也被称为"邪恶"的孪生姐妹。二者大小和构成均相似，但金星浓密大气中的二氧化碳和硫酸云使其表面温度达到地狱般的 470 摄氏度。这颗行星的自转速度很慢，与大多数行星的自转方向相反，它绕太阳公转一圈的时间和地球公转一圈的时间差不多。

由于金星在轨道的运行速度比水星慢，因此连续几个月都可以观测金星，在日落后或日出前 3 小时都可见到它。当金星最亮时，它是天空中第三亮的天体，仅次于月球和太阳，这是由于太阳光从其明亮的白色二氧化碳云层反射回来。不同的可见时间让金星被称为"昏星"或"晨星"。金星距离地球很近，而且它个头相当大，这意味着金星是双筒望远镜很好的观测目标，通过双筒望远镜你可以很容易地看到金星的较大相位。

火星

直径：6800 千米。**卫星**：2 颗。**距离太阳**：2.28 亿千米。

这颗红色行星是太阳系中最受欢迎的太空探索地。目前已经有数十次空间任务访问过火星，它们对火星的地貌进行了令人难以置信的细致探索。火星相比地球体积更小，但陆地面积相同。火星的表面令人想起寒冷的岩石沙漠，到处都是峡谷和火山。这颗行星有极冠和主要由二氧化碳组成的稀薄大气层。尽管今天的火星很干燥，但火星的矿物盐和岩层表明，火星在过去是湿润的，并可能孕育了生命。

火星与水星和金星的不同之处在于它在太阳系所处的位置。火星在地球轨道的另一边，这意味着它可以从日落一直"上升"直到日出。一个小型天文望远镜可以发现浅色红锈色区域，以及亮白色的冰盖和较暗的斑块，在过去人们认为这些是火星上的"城市"。

气体与冰的"巨人"

天王星

直径：5.1 万千米。**卫星**：27 颗。**距离太阳**：28.7 亿千米。

1781 年，威廉·赫歇尔第一次用望远镜发现了天王星。天王星的蓝绿色来自于氢和氦的大气中的大量甲烷冰，大气中也含有水冰和氨冰。像金星一样，天王星从东到西自转。其自转轴相对于轨道平面倾斜近 90 度，暗示着它可能曾经受到过巨大的冲击。1977 年发现了天王星的 5 个环；1986 年，旅行者号探测器又发现了 6 个环；2005 年哈勃空间望远镜又发现了两个环，使环的总数达到 13 个。

视觉上，不管你是用眼睛、双筒望远镜还是天文望远镜，天王星都没有什么特别的。只要你抬起头，你可以看到这个气态世界就像一颗在可见范围内的非常微弱的恒星（亮度大约为 mag.+5.6）。然而，在有光污染的地方，你会看不到它，因此观测天王星时，天空必须非常黑暗。利用天文望远镜，可以稍微改善一下观测效果，你会看到一个绿色的斑点。

海王星

直径：4.95 万千米。**卫星**：13 颗。**距离太阳**：45 亿千米。

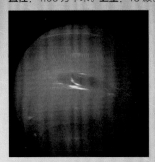

海王星的成分与天王星相似，主要由氢和氦组成，混合有甲烷冰、水冰和氨冰。但与平淡无奇的天王星不同的是，海王星总被风暴天气所"摧残"，巨大的风暴在云层中翻腾。海王星的风速是太阳系中最快的，达到惊人的 000 米 / 秒。海王星有 6 个已知的环。光环内部似乎有明亮的团块，可能是短暂的碎片聚集。

海王星亮度约为 mag.+8.0，至少需要双筒望远镜才能看到，除此之外就没什么好玩的了。用望远镜观察时，海王星看起来也像一颗蓝色的"恒星"，但没有它更大更近的行星同胞那么壮观。如果你有一个非常大的天文望远镜，你也可以看到海王星最大的卫星，海卫一，其亮度为 mag.+13.5。

土星

直径：12.05 千米。**卫星**：62 颗。**距离太阳**：14.3 亿千米。

土星以其壮观的环而闻名。环是由数百万块冰组成的，这些冰块铺展成薄薄的圆盘，只有几十米厚，但从土星表面向外延伸 10 万千米。环形成或宽或窄的亮带，许多颗卫星在环内绕土星运行，其中一些卫星让环产生了巨大的缝隙。像木星卫星一样，业余观测者也能看到土星的其中一些卫星。

土星的亮度因土星环倾斜的方式和反射太阳光的多少而不同。当土星环以边缘对着我们时，从地球上看土星并不明亮，但当土星环逐渐面向地球上的观测者时，土星的亮度会在 7.5 年里逐渐增亮。然后土星又会以同样的周期变暗。如果你想知道为什么是 7.5 年的时间，因为 7.5 年是土星绕太阳公转周期的 1/4。

理解土星倾斜效应的最好方法是走出去看看这颗行星——它确实是能用望远镜观测到的太阳系奇观之一。望远镜的大小并不重要，一个被环包围的世界总是惊人的。这个小小的环形世界悬挂在一个巨大的、漆黑的视场中，这种景象是不可思议的。更大的望远镜则能够展示环和土星上的更多细节。

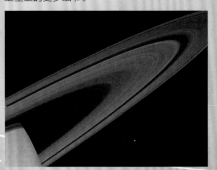

木星

直径：14.3 万千米。**卫星**：67 颗。**距离太阳**：7.78 亿千米。

木星是太阳系中最大的行星，它的质量比其他所有行星加起来都要大，在引力方面仅次于太阳。1994 年，它使苏梅克－列维 9 号彗星碎裂并诱使彗星碎片撞向其转动的云层。2009 年和 2010 年也记录了其他可能的彗星撞击事件。木星大部分是气体，其氢和氦的组成比例与太阳相似。

利用一个好的双筒望远镜，你首先会注意到木星最著名的 4 颗卫星：木卫一、木卫二、木卫三和木卫四。在 1610 年，伽利略就发现了它们。用望远镜你会看到一个稍微被压扁的球体，这是由于木星快速自转，木星的"一天"不到 10 个小时，导致木星赤道向外膨胀，两极变平。木星多云的大气层显出由白色区域分隔的暗带。你看的时间越长，就能发现它越多的表面特征，所以要留意斑点、瑕疵和扭结。当然，木星最著名的特征是"大红斑"，它是一场风暴，会随着时间的推移而改变形状、大小和颜色，通常呈现为灰白色。

木星和土星的卫星

这两个巨大的天体拥有数不清的自然卫星。

木星各方面都宏伟异常。它不仅是最大的行星，相当于 **1321** 个地球，而且它极可能拥有最大的卫星群。我们已知的木星卫星有 **67** 颗，虽然其中有许多颗卫星相当小，无法从地球上观测到，但只要一个小型双筒望远镜，你就能轻易地发现其中最大的 **4** 颗卫星。

它们是木卫一艾奥、木卫二欧罗巴、木卫三盖尼米得和木卫四卡利斯托，这 **4** 颗伽利略卫星，得名于 **17** 世纪早期发现它们的伽利略。

观测这 **4** 颗卫星的双筒望远镜的最小尺寸是 **7×50**，它可以将你眼中所见放大 **7** 倍，并且拥有直径 **50** 毫米的前置透镜。把双筒望远镜放在墙上或栅栏上，甚至把它们装在三脚架上，你的视野就会得到大大改善。利用一台 **7.62** 厘米 ~ **15.24** 厘米（**3** 英寸 ~ **6** 英寸）的天文望远镜，木星卫星看起来会更亮，在视场里看起来也会更大。如果你没有看到所有 **4** 颗卫星，也不要担心，当卫星绕着行星运行时，它们可能在木星的后面或正前面。

利用一台拥有超过 **15.24** 厘米（**6** 英寸）前置透镜的天文望远镜，你将能看到木星本身的细节，包括伽利略卫星偶尔投下的阴影。

观测卫星

同为气态巨星的土星有 **62** 颗已知卫星，但只有 **7** 颗可见。由于体积巨大，土星卫星中最容易被看到的是土卫六。这颗卫星直径有 **5152** 千米，比水星还要大。在自然卫星排名中，它是太阳系第二大卫星，仅次于木星的木卫三。它也是唯一一颗有真正大气层的卫星。当你透过望远镜凝视它时，你实际上看到的不是土卫六的表面，而是它富含氮的云顶。就亮度而言，

木星著名的伽利略卫星

木卫一
直径：3640 千米。
　　4 颗伽利略卫星中最靠近木星的一颗。因为受到木星巨大的引力，再加上它到木星的极近距离，意味着木卫一绕木星一周只需要 1.75 个地球日。这样的快速公转利用小型天文望远镜很容易就能观测到：木卫一会在几个小时内明显地改变位置。

木卫二
直径：3140 千米。
　　木星的第二颗伽利略卫星。木卫二理论上应该是肉眼可见的，因为它的亮度为 mag.+5.3。但木星压倒性的光亮导致很难区分出它的卫星。由于其光滑的冰质表面，木卫二显得非常明亮，或许它的表面下有一片海洋。

木卫三
直径：5260 千米。
　　木卫三不仅是木星最大的卫星，也是整个太阳系中最大的卫星——虽然只比第二大的卫星大一点点。这是一个有着寒冷冰质表面，广阔暖冰（也可能是水）地幔，岩石内部和液态铁核的世界。

木卫四
直径：4820 千米。
　　伽利略 4 颗卫星中的最后一颗是木卫四。它是太阳系第三大卫星，仅次于土星最大的卫星土卫六。木卫四冰封而古老的表面上布满了陨石坑，这些陨石坑可以追溯到太阳系早期。

土星最适合观测的卫星

土卫六
直径: 5152 千米。

土星最大的卫星公转周期为 16 个地球日。在它距离最远时,土卫六距离土星大概是土星环直径的 5 倍。最亮的时候土卫六亮度是 mag.+8.4,用品质优良的双筒望远镜就可以看见。土卫六的质量占绕土星运行的所有天体质量的 96% 以上。

土卫五
直径: 1528 千米。

土星的第二大卫星,太阳系第九大卫星,在当前土星卫星表中距土星的距离排第 20 位。它的公转周期为 4.5 个地球日,公转轨道的大小不到土星环直径的 2 倍。其亮度为 mag.+9.7 等,因此土卫五也是 7.62 厘米(3 英寸)折射望远镜容易观测到的一个目标。

土卫八
直径: 1469 千米。

这是土星的主要卫星中体积第三大、距离最远的一颗。它 79 天公转周期的轨道是土星内部卫星中最倾斜的,其距土星的距离超过 12 倍环直径。亮度范围从 mag.+10.1 到 mag.+11.9,因此需要口径约为 15.24 厘米(6 英寸)的天文望远镜才能看到它最黑暗的一面。

土卫四
直径: 1123 千米。

这颗卫星在 2.7 个地球日内沿 1.5 倍环直径的公转轨道运行。它的亮度为 mag.+10.4,因此在黑暗的夜晚可以用 7.62 厘米(3 英寸)的折射望远镜看到它。它是土星密度最大的卫星,意味着它可能有一个巨大的岩石内核。两颗较小的卫星——土卫十二和土卫三十四共享它的公转轨道。

土卫三
直径: 1060 千米。

这颗卫星绕着距离行星 1 倍环直径的公转轨道运行,公转周期为 1.9 个地球日。它的亮度为 mag.+10.3,可以被 7.62 厘米(3 英寸)口径的折射望远镜发现。土卫三有一个大峡谷,环绕该卫星 3/4 的周长。它还有两颗同轨道卫星,土卫十三和土卫十四。

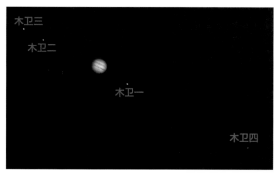

木星的 4 颗伽利略卫星可以用天文望远镜或双筒望远镜观看。

土星,由于距离我们比木星更远,需要更大放大倍数的望远镜观看。

木卫六的亮度可以达到 mag.+8.4,因此双筒望远镜就可以很好地观测到它。如果使用小型天文望远镜,那你就可以毫不费力地看到它了。

剩下的 6 颗卫星都可以用 15.24 厘米(6 英寸)的天文望远镜观测。按照亮度排序,土卫六之后是土卫五,它的亮度为 mag.+9.7,土卫三为 mag.+10.3,土卫四为 mag.+10.4,土卫二为 mag.+11.8,然后是古怪的土卫八。

1671 年,最后的卫星土卫八不寻常的性质很快被它的发现者、意大利天文学家卡西尼发现。他第一次看到这颗卫星是在土星的西侧,但在后来的搜索中发现它不见了,而按理这时它本应该在土星的东侧。

直到 34 年后,因为天文望远镜的改进,卡西尼才最终看到了东边的土卫八,因为当它在那里的时候,它几乎暗了两个星等。卡西尼做出了正确地推断,这是因为这颗卫星有一个非常明亮的半球和一个非常黑暗的半球,并且其受到土星的潮汐锁定。

这意味着,就像我们的月球一样,土卫八总是以同样的面貌朝向土星。由此可见,当土卫八位于土星的东边或西边时,从地球的角度我们看到的是它的不同部分。于是,土卫八的亮度在 mag.+10.1 至 mag.+ 11.9 变化。然而,土卫一才是真正的黑暗冠军,它的亮度为 mag.+12.9 等,需要完美的观测条件并且没有任何光污染,才能清楚地观测到。

流星雨是以它们辐射点所在的星座命名的。

流星

流星是彗星或小行星的微小碎片在天空划出的明亮条纹，是非常壮观的景象。

你可能知道流星也被叫作"闪过的恒星"，但事实上并没有恒星闪过。划过天空的这些令人注目的明亮轨迹有着更加平淡无奇的来源：一颗沙粒大小的尘埃颗粒与地球大气相碰撞，从而发出绚丽的光迹。

在任何晴朗的夜晚，每小时你都可以看到几颗偶发的或零星的流星，但更可靠的方法是在每年都会发生的某次流星雨中寻找流星。当地球穿过一颗消失已久的彗星留下的碎片的轨迹时，就会发生流星雨——这些聚集的碎片等待着在地球大气层中被燃烧。

流星雨有着所谓的"极大"，亦即你可以看到最多的流星的那个晚上。流星数目可能会有相当大的差异，但像英仙座流星雨这样的著名流星雨，在晴朗无月的夜晚，高峰期平均每分钟会出现一颗流星。还有一种可

能性是，在母彗星引发的流星雨之后，一群不期而至的密集流星体可能会出现在彗星碎片的轨道上；流星雨动力学还没有被人们完全理解，惊喜随时会出现。

然而，重要的是要记住，大多数流星雨一般至少会活跃几天，有些甚至会持续几周，因此你不应该把你的观测时间局限在预测的流星雨极大的那天。变幻莫测的云层和月光意味着在流星雨出现的那一周，你应该时刻保持警惕，抓住每一个观测机会，增加观测成功率。

实用注意事项

当你想要观测流星雨时，首先要考虑的是在哪里观看流星雨。如果你恰恰生活在有光污染的地方，你可以走出城镇到更偏远的地方去，这会让

流星雨的形成

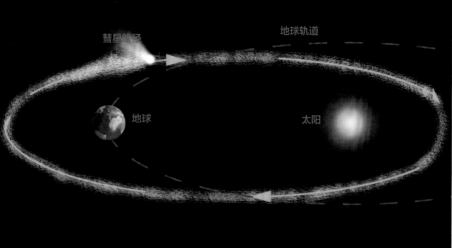

当彗星接近地球时，太阳的热量会蒸发彗星所含有的冰。随后，彗星产生的大部分尘埃会跟随彗星，并随着时间的推移，沿着整个彗星轨道扩散。当地球闯入这条尘土飞扬的路径时，许许多多的尘埃颗粒会与地球大气相碰撞，从而产生我们所看到的流星雨。

你的观测体验迥然不同，但要注意个人安全。舒适对于任何观测方式来说都是最重要的事情，尤其是整夜的流星观测常常会需要你长时间保持静止不动。

你最好的选择是躺在舒适的日光躺椅或花园躺椅上扫视天空。因为要躺很长时间，所以保暖非常重要，你

此时天空最为黑暗，并且地球的自转方向与地球在太空中的运动方向一致，让即将到来的流星速度更快。不要直视辐射点，而要把目光向上集中在天空中最黑暗的地方，那里不会有树木和建筑物的遮挡。如果你是结伴观测，那请尝试分别观看天空的不同方向，这样你们就能捕捉到尽可能多

流星日志

象限仪座流星雨
极大：1 月 3 日附近。
ZHR 最大值：每小时 120 颗。
活动期：1 月初。

宝瓶座 ETA 流星雨
极大：5 月 6 日附近。
ZHR 最大值：每小时 60 颗。
活动期：5 月初。

英仙座流星雨
极大：8 月 12 日附近。
ZHR 最大值：每小时 80 颗。
活动期：7 月中到 8 月中。

猎户座流星雨
极大：10 月 21 日附近。
ZHR 最大值：每小时 26 颗。
活动期：10 月中下旬。

狮子座流星雨
极大：11 月 18 日附近。
ZHR 最大值：通常每小时 15 颗，但可能会更高。
活动期：11 月中下旬。

双子座流星雨
极大：12 月 13 日附近。
ZHR 最大值：每小时 110 颗。
活动期：12 月中下旬。

> "流星雨的最佳观测时间是在午夜过后不久，也就是活动高峰期，那时的天空是最黑暗的。"

要戴上帽子，防止热量从头部散失，并且一定要依偎在睡袋里。夏季时，你可能还需要考虑带上驱蚊剂，带上一些食物，在保温杯里装上你最喜欢的热饮，时不时喝上几口——喝水很重要，再加上一点咖啡的话，肯定会让你保持清醒。

平行线

来自同一彗星的碎片往往会以平行的路径穿越太空，因此产生的透视效果意味着它们在大气层中的轨迹似乎汇聚到被称为辐射点的地方，流星看起来就是从那里散发出来的。流星雨就是根据其辐射点所在的星座（有时是距离最近的恒星）来命名的。

流星雨的最佳观测时间是在午夜过后不久，也就是预测的活动高峰期，

的流星。当天空中不可避免地出现月球时，尽量确保月球不在视野范围内，也不要让月光从附近的墙壁或窗户上反射过来，否则会严重影响你的夜视能力。和其他的天文观测一样，你的眼睛至少需要 20 分钟才能在黑暗中达到最高敏感度。

如果你需要参考星图或书籍来寻找辐射点，最好使用暗淡的红光，而不是白光，这样你就能保持对黑暗的适应能力；如果你使用智能手机应用程序来寻找辐射点，最好在屏幕上贴上红色玻璃纸过滤光线。

在做记录时，你总是有可能错过当晚最棒的火流星，所以最好是紧盯着天空，用录音笔来记录。试着记录下流星出现的时间、流星轨迹的起点和终点，并估计最明亮的流星的亮度。

流星轨迹的末端通常呈锥形——这是一种你可以将其与卫星区分开来的方法。

一颗肉眼可见的壮丽彗星可能会被称为"著名彗星",就像 C/2006 PI 麦克诺特彗星一样。

彗星

作为太阳系的冰冷流浪者,壮观的彗星一生中可能只会被看见一次。

彗星是太阳系里的流浪者,当出现在我们的天空时,它们可能是最为壮观的天文景观之一。这些神秘的访客在经过时总会激发出人们的想象力,经过多年的仔细观测,天文学家已经巧妙地揭开了彗星隐藏在其光芒之下的秘密。

彗星的核心是彗核,一个混有岩石和尘埃的冰核,有几千米宽。虽然有时会被称为"脏雪球",但在彗星上发现的冰要比地球上的冰奇特得多。

当罗塞塔号探测器到达 67P/ 丘留莫夫 - 格拉西缅科彗星时,它对彗星的彗核进行了首次现场分析,不仅发现了水冰,还发现了二氧化碳和一氧化碳,以及氨、甲烷和甲醇的痕迹。这些高度挥发性的化合物在地球上主要以气体或液体的形式存在,但由于太空深处的寒冷,它们被冻结成与岩石一样坚硬的固体。

这些雪球在巨大的椭圆轨道上运动,在运动到数十亿千米远的太阳系外部区域之前,它们会短暂地造访太阳系内部。有些彗星,如哈雷彗星,其轨道周期只有几年或几十年,因此被称为短周期彗星。另一些被称为长周期彗星的彗星则飞得更远,进入太空深处,需要数千年才能完成一个轨道来回。

在轨道上的大多数时间,彗核始终是一块惰性冰团,但随着彗星接近近日点(它最接近太阳的地方),情况会发生变化。当距离足够近时,太阳辐射会加热彗星表面,导致彗星中的挥发性成分汽化。随着气体逃逸进入深空,彗星会掀起尘埃,形成围绕在彗核周围超过 5 万千米厚的笼罩物——彗发。

彗尾的故事

当彗星越来越接近太阳时,彗发包层会受到太阳更严重的影响,在太阳风和磁场的影响下,彗发中的气体会被吹出形成一个巨大的彗尾。彗尾可以延伸数百万千米,横跨太阳系的大片区域。彗尾中的一些碎片会残留在轨道上形成流星体。其中一些流星体会穿越地球轨道,当每年地球经过这些残留物时,就会看到这些碎片在大气层中燃烧,形成流星雨。

对于大多数彗星来说,与太阳的近距离接触所受到的影响,不会比融化脱落又一层彗核物质更大。然而,有时候彗星会距离太阳太近,在高温和重力作用下,彗核会发生分裂,就像 2013 年 12 月的 C/2012 SI 艾森彗星那样。

彗发和彗尾反射的太阳光能让彗星这些天外访客在夜间闪亮,使其成为天文学家的热门观测目标。彗星不同于每年都有的流星雨,它是一种更加短暂的天象,并且遵循各自的时间表。然而,每年都有一些彗星能使用

它们来自何方？

行星形成后，剩下的物质合并形成两个区域。其中内部的区域，位于45亿~74亿千米之外，是柯伊伯带。人们认为短周期彗星是从这里被撞出轨道而形成的。除柯伊伯带外，是距离太阳3.2光年的奥尔特云。如果一颗路过的恒星将奥尔特云里的某颗天体踢出轨道，就会形成一颗长周期彗星。

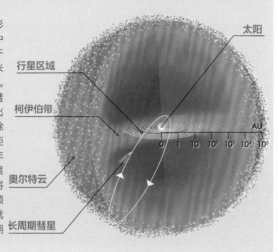

太阳

行星区域

柯伊伯带

奥尔特云

长周期彗星

AU
0 1 10 10² 10³ 10⁴ 10⁵

小型望远镜观测到。

即使我们知道彗星什么时候可能出现，以及它所运行的路线，也没有人能猜到它一旦进入太阳系内部会是什么情况。彗星会离太阳非常近，专家们确信会出现非常壮观的景象，在近日点时彗星可能会分裂或者只是显现壮观的彗尾。

然而，大约每10年就会有一颗彗星离地球足够近，而且明亮到可以用肉眼看到。当其中的某颗彗星确实异常特别时，它可能会被冠以"著名彗星"的称号，一颗如此壮观的彗星出没将会被人们铭记数百年(甚至数千年)。

过去，彗星是死亡和战争的预兆，如今，能够幸运地观测到这些捉摸不定的访客则是最令人兴奋的事。

追逐彗尾

彗星最吸引人的地方当然是它巨大的彗尾了，但并不总是为人所知的是彗星其实有两条彗尾。最明显的是被太阳风吹出形成的弧形尘埃彗尾。然而，当磁场捕获气体后，会形成微弱的第二条彗尾。有时候，彗星相对于地球的位置会导致它的两条彗尾朝向不同的方向。

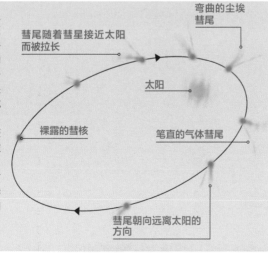

弯曲的尘埃彗尾

彗尾随着彗星接近太阳而被拉长

太阳

裸露的彗核

笔直的气体彗尾

彗尾朝向远离太阳的方向

著名彗星

它是夜空的主宰或是空间探测器的着陆地，是最著名的彗星之一。

海尔－波普彗星
最近点：1.36亿千米。
周期：2520~2533年。
知名原因：在1996~1997年间，它的肉眼可见的记录为持续18个月，海尔－波普彗星吸引了全世界公众的瞩目，它将在公元4385年左右回归。

67P/丘留莫夫－格拉西缅科彗星
最近点：1.86亿千米。
周期：6.4年。
知名原因：它是罗塞塔空间探测任务的目标，罗塞塔号探测器绕着彗星进行研究，并将菲莱号着陆器送到了彗星表面，在彗星上它发现了水和有机物质。

白昼大彗星
最近点：1900万千米。
周期：5.73万年。
知名原因：它在公元1910年1月被发现，该彗星非常迅速地变亮，直到比金星还亮。地球上东、西两个半球都可见此彗星，它的彗尾是明显弯曲的。

哈雷彗星
最近点：8800万千米。
周期：75.3年。
知名原因：地球上肉眼可见的唯一一颗已知的短周期彗星，它最早在公元前240年就被观测到了。

池谷－关彗星
最近点：45万千米。
周期：876.7年。
知名原因：1965年，池谷－关彗星近距离掠过太阳，成为1000年来最明亮的彗星之一。它被认为是公元1106年发现的大彗星的碎片之一。

国际空间站和人造卫星

在地球上，月球并不是我们可以看到的唯一卫星。

在夜空中可以看到两种类型的卫星，一种是自然卫星，比如月球，另一种则是我们发射到轨道上的人造卫星。在所有的人造卫星中，国际空间站 (ISS) 可能是最著名的。我们很容易就能预测到它的出现，它常常以固定的路线闪亮地划过天空，令人惊叹不已。

这个人类的"太空探索前哨站"通常看起来只是一个点，它逐渐变亮并划过天空，然后再次变暗。有时国际空间站看起来很明亮，然后却突然

地消失在视野中。当国际空间站沿轨道进入地球阴影时，它就会突然变暗。由于大多数观测都是在傍晚时分进行的，所以当国际空间站运行到东边天空时，它就会消失不见。如果你是个爱早起的人，早晨地球的影子就会在西边。当它从地影中返回太阳光照时，国际空间站就会立刻被"点亮"。

太阳能

太阳光与卫星表面的相互作用使事情变得很有趣。具有较大反射面的卫星可能会比较闪亮，有时甚至十分明亮。最亮的闪光事件是由组成铱星星座的铱星引起的：这里的"星座"是指一组卫星的集合。当你看到其中的一颗迅速变亮时，就是我们所知的

铱星闪光。

铱星闪光背后的科学原理非常简单，那是因为星座内每颗卫星都有 3 个宽大平整的反射天线。当太阳光恰好以正确的角度照射在天线上时，从地球表面某些局部区域来看，铱星就会变得明亮。然而，值得注意的是，有很多方法可以精确到秒地预测何时可以从你所处的位置看到铱星闪光。在这里我们说的并不是微弱、模糊的

像铱星闪光一样，国际空间站也可能比金星还明亮。

铱星闪光可以非常明亮，甚至 mag.-8.0 一样耀眼夺目。

闪光：一些铱星闪光可以将卫星的视亮度从接近暗弱恒星的亮度增强到比金星还要亮。

最亮的铱星闪光差不多有约 **mag.-8.0**，夺目的亮光足以轻易地照亮任何可能挡道的薄云。从理论上讲，这样的闪亮登场甚至可以在你身后投下影子——不过当闪光发生时，不会有任何人转过头向后看。当然，不是所有的铱星闪光都会达到这种亮度，不同观测地的铱星闪光亮度也不同。你可能并不会处在地球上能看到铱星闪光亮度峰值的地方。

很快你就会发现，其他卫星也可以出现闪光事件，尤其是对流星记录仪来说，卫星闪光一直都在发生。一

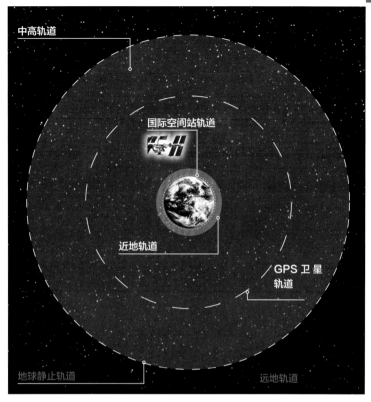

有 3 种不同的卫星轨道，卫星可以在里面绕地球运行。国际空间站位于近地轨道，海拔约 400 千米。

颗闪耀的卫星达到其亮度的峰值，然后却被相机快门直截了当地截断，这与你从明亮的流星轨迹上看到的景象非常相似。

仔细观察这条轨迹最亮的一端，就有可能会分辨出它们的不同。如果这条轨迹看上去非常平滑，而且是在最亮的一端被完全切断。那么，它要么是一条罕见的流星轨迹在其最亮的时候被截断，要么（更有可能的）是一条闪耀的卫星轨迹在相机快门关闭前没有完成展示。铱星闪光一般是白色轨迹，而流星轨迹通常会从粉色变成绿色——这是大气中原子激发的结果。

目前有 **1000** 多颗可控的卫星在绕地球运行，估计有 **2.1** 万个大于 10 厘米的碎片也在绕地球运行。如果你放开撒网，将目标的大小缩小到 1 厘米，那么将有超过 **50** 万的碎片。事实上，在任何一个晴朗无月的夜晚，如果你观测不到一颗人造卫星在星座中穿梭，那将是很不寻常的事。

卫星路径预测

有许多不同的方法可以预测卫星经过的路径。

"Heavens Above"网站
最受欢迎和重视的方法之一是使用 Heavens Above 网站。你可以创建一个免费账户，记录你的观测地位置并生成许多不同的卫星观测预测图。星图上会标记出可见的卫星路径，你可以点击路径的日期，通常会弹出一幅全天星图显示卫星在群星间穿梭经过的星座。只要你对星座有基本的了解，那么根据你的观测地得到

的卫星轨迹应该很容易识别。反之，如果你对星座不是很了解，那么这也是一箭双雕学习夜空的好方法。

其他预测软件和 APP 应用
对稍有技术头脑的人来说，有许多优秀的软件可供使用，比如 WXTrack，它可以直接在一台 Windows 个人电脑上预测许多卫星的运行轨迹。同样也可以用于其他操作系统的应用，包括智能手机的 APP 应用。其中一些应用需要购买许可才可以使用，但也有很多免费应用可供选择。

保证准确性
计算机预测的一个问题是其可靠性。这可能是由于程序本身的问题，或者你没有正确地设置你的位置、日期或时间。如果卫星数据没有定期更新，也会影响预测的准确性。如果你有些许怀疑，请把国际空间站等容易识别的卫星的预测结果与网站上的结果进行比较。如果它们不匹配，在尝试使用另一个程序之前，请更新软件的卫星数据，以及你的时间和位置细节。

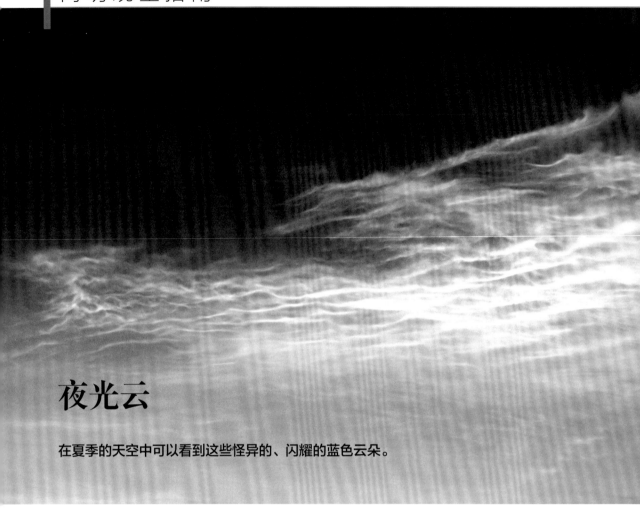

夜光云

在夏季的天空中可以看到这些怪异的、闪耀的蓝色云朵。

从 5 月下旬到 8 月初,有一种迷人而不寻常的观测目标,只有在夏季暮光下才能被看到——那就是诡异的蓝色卷须状的夜光云。

夜光云是在 1885 年喀拉喀托火山爆发后才被发现的。火山的巨大爆发影响了世界各地,温度下降了 1.2 摄氏度,并形成了引人注目的日落,使得人们开始关注相关的大气现象。

夜光云位于地球大气层的上边缘,因此是一种与低层大气中常见的天气或对流层云截然不同的云类型。它们形成于中间层,就在中间层顶(大气中最冷的部分)的下方,形成一个平均高度约 82 千米的薄片,接近太空边缘。

我们对这些云的确切性质尚不清楚,但人们认为它们是在水蒸气凝结在微小的大气颗粒物上并结冰时形成的。这些颗粒最可能的来源是流星碎粒(流星在夜光云层上方约 100 千米处汽化)或火山活动。研究表明,夜光云需要在大约零下 120 摄氏度的极冷温度下形成,而中间层的温度在夏天时最低,这就解释了夜光云的季节性行为。

只有当太阳位于地平线下 6 ~ 16 度之间时,夜光云才会在黄昏出现。太阳在地平线下 6 度以上,背景天空太亮,会淹没光线微弱的夜光云;另一方面,如果太阳在地平线下 16 度之下,夜光云将隐藏在地球的阴影中,变得无影无形。

这种"太阳 - 地球 - 观测者"的几何关系对夜光云的能见度产生了地理限制。夜光云本身的物理位置显示,其通常位于各半球纬度 60 ~ 80 度处。这就解释了为什么大部分夜光云的观测发生在 50 ~ 65 度的纬度地区。尽管如此,夜光云仍然可以在该区域之外被观测到。并且在南至纬度 40 度的欧洲和美国,还曾罕见地出现孤立的夜光云现象。

模式识别

每年,夜光云都以相当可预测的模式出现。通常在 5 月底或 6 月初,那时中间层开始变冷,可以进行早期观测。早期观测到的夜光云往往不太明显,而且形态简单。但是,随着季节的推移,观测到的夜光云往往更明亮,更复杂,持续时间更长,并占据更大的天空面积。有记录显示,从 6 月中旬到 7 月中旬,夜光云活动达到一个明显的高峰。此后,观测季才开始逐渐结束。到 8 月初,观测季就差不多结束了,尽管在 8 月的晚些时候

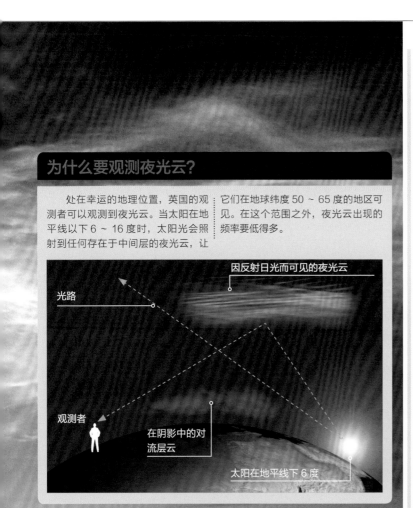

夜光云结构

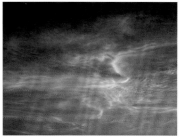

I 型：纱状

这种类型的夜光云表现为片状纤维状薄片，很少或没有明显的结构，有时在其他类型的背景中可见。它看起来像一团发光的雾。

II 型：带状

这类夜光云具有水平线条或条纹，它们可能锐利 (IIa 型) 或弥漫 (IIb 型)。条带可以是平行的，也可以是相交的。

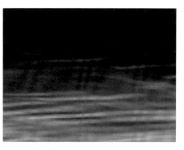

III 型：波浪型

III 型夜光云具有一种独特的波纹状或波浪状的条带结构，常被拿来与落潮时海滩上形成的沙滩图案相比较。

IV 型：漩涡型

环状、弯曲或扭曲的形状。小旋涡可以分为 IVa 型，中等大小的旋涡可以分为 IVb 型，大型旋涡可以分为 IVc 型。

为什么要观测夜光云？

处在幸运的地理位置，英国的观测者可以观测到夜光云。当太阳在地平线以下 6～16 度时，太阳光会照射到任何存在于中间层的夜光云，让它们在地球纬度 50～65 度的地区可见。在这个范围之外，夜光云出现的频率要低得多。

因反射日光而可见的夜光云
光路
观测者
在阴影中的对流层云
太阳在地平线下 6 度

还会有罕见的目击夜光云事件发生。

纤细的条纹

一场典型的夜光云秀将在日落大约 1 小时后开始，最初可能在只比地平线高出几度的位置，呈现出微弱的细条纹。随着夜幕深沉，黄昏的天空逐渐变暗，夜光云变得越来越明显，可能会升到更高的天空中，形成更复杂的结构，并变得更明亮。随着当地午夜的临近，夜光云可能会在一定程度上减弱，并且随着太阳光照变得不利，夜光云的尺寸也会缩小。但在午夜过后，这种行为模式发生了逆转，夜光云再次变得越来越亮、越

何时何地是寻找夜光云的最佳时机？

通常是在日落后 90~120 分钟的西北方向低空中，或是在日出前相似时间段的西北方向低空中。

来越强，直到黎明前 1 小时左右，它们被逐渐变亮的天空淹没。

夜光云很容易被错误识别。要记住的关键一点是，普通云层通常是暗的，在暮色中显现出轮廓，而夜光云总是比背景天空更亮，通常呈现出标志性的蓝色调。然而，薄条纹的卷云，尤其是月光照射下的卷云，与夜光云有着惊人的相似之处，而较低的水平雾霾带也会造成其是 II 型夜光云带的错觉。对任何可疑的夜光云进行测试的一个好方法是用双筒望远镜检查它的特性。对流层云在被放大时往往是弥散、模糊的，而夜光云几乎总是能被揭示出更精细的细节。

极光秀

极光是舞动的华丽光幕，但并不常见。

　　闪闪发亮、忽明忽暗——极光是自然界（更不必说夜空）最有活力的表演之一。在地球这颗岩石星球上，极光让我们得以一窥我们是如何与太空中不可见的力量联系在一起的。

　　虽然远至英国南部也能看到一些活力四射的极光秀，但如果你位于极光椭圆下时，极光景象会更为常见。以地球的磁极为中心，极光椭圆追随着舞动的光之环，大致与北极圈或南极圈重合，因此观赏极光的最佳时机来自于位于该范围内的国家。在北极圈，这种现象被称为北极光；在南极圈，它被称为南极光。

　　极光是由于从太阳流出的带电粒子与地球磁场（地球的保护罩）相互作用而引起的，地球磁场将这些带电粒子导向磁极。当这些带电粒子到达海拔较低的地方（通常位于 80 ～ 200 千米之间）时，它们会与地球大气中

的气体碰撞而使其激发，从而产生独特而绚丽的光芒。极光远远超过了客机通常飞行的高度（约 10 千米），但国际空间站和其他载人航天器会飞越这一活力四射的表演秀的上边，带来一些令人惊叹的景观。

　　磁极在远离地理极点（传统上被称为北极和南极）大约 11 度的地方，所以你更有可能在更低的南北纬度区域看到极光。

追随极光

　　要观测极光，你并不需要天文望远镜，甚至不需要双筒望远镜，最好的观测工具就是你自己的眼睛，人眼的视野宽广，最适合于观看极光这种横跨广阔天空的光之表演。

　　极光的表现形式多种多样，而且变化迅速。从东到西横跨天空的普通辉光被称为弧状极光，通常有着清晰

的下边缘。如果弧状极光有不规则的下边缘，那么就被称为带状极光。

　　极光的另一种常见形状是射线状，它看起来像是向上延伸到天空的光柱，但实际上是地球磁力线的一种直接显现方式。不同类型的极光可以单独出现，也可以成群出现。如果弧状极光或带状极光中有射线状极光出现，那么这类极光被称为射线式弧状极光或射线式带状极光。如果带状极

极光观测的重要建议

● 在网站上查看空间天气预报。
● 处在地球越北的地方，就越有机会看到极光。
● 保证你的位置能够清楚地看到北方地平线，因为极光一般是从那里出现的。

光出现扭结和褶皱，则被称为帘状极光。斑状极光没有特定的形状，来去自由。纱状极光通常会覆盖更广阔的天空，但几乎没有什么结构。在一场宽广且活力四射的极光秀中，射线状极光甚至可能会聚集起来直接汇聚在你的头顶，产生冕状极光或极光冕。

极光观测者也描述了极光秀的变化会有多快。如果极光只是悬挂在天空中，很少或没有运动，那么它就是宁静极光。如果极光忽明忽暗，则被称为脉动极光。当极光呈现出快速而精细的变化时，它叫作极光闪烁；而当极光有着剧烈和快速的变化特征时（特别是射线状极光）叫作极光燃烧。最后，当波纹状的亮斑沿着带状极光出现时，它被称为极光流动。

能否在极光表演中分辨出颜色取决于极光的亮度。极光很微弱时会呈现单一色调，有着灰度变化。然而，最常见的情况是，极光呈现绿色，那是大气中的氧发出的绿光。红色也会出现，尤其是在射线状极光的上部，这种红色来源于高层大气中的氧。而当氮被激发时，会出现非常明显的蓝色和紫色。

亮度和对比度

国际亮度系数 (IBC) 是国际公认的测量极光亮度的尺度。从 I ～ IV，代表从暗到亮。国际亮度系数 I 与银河系的亮度差不多，颜色最不明显。国际亮度系数 II 看起来类似于月光下的卷云，可能有轻微的绿色。国际亮度系数 III 类似于明亮的、月光照耀下的、颜色明显的低空云层，而国际亮度系数 IV 则明亮到可以阅读，甚至能投射出阴影。

过去，极光很难被预测。但现在，像太阳动力学天文台这样的卫星不断地监测太阳和它所发出的太阳风，为其对地球的影响提供早期预警。还有些网站提供电子邮件提醒服务，可以预先对潜在的极光发出预告。有了这些太空天气预报，我们比以往任何时候都能更好地做好极光观测的准备。当然，万事俱备后，下一步就要看当地的天气状况了。

极光的结构

弧状

弧状极光：一条有着明显下边缘的辉光横跨天空。

带状

带状极光：与弧状极光类似，但有着不规则的下边缘。

射线状

射线状极光：延伸到天空深处的光柱。

射线式带状和射线式弧状

射线式带状极光和射线式弧状极光：有着带状极光或弧状极光的相似结构，同时也包括射线状极光。

帘状

帘状极光：一束沿着长边弯曲和折叠的光带。

斑状

斑状极光：天空中以不规则形状出现的亮斑。

纱状

纱状极光：覆盖天空的一般辉光，几乎没有什么结构。

冕状

极光冕：射线状极光在头顶处汇聚。

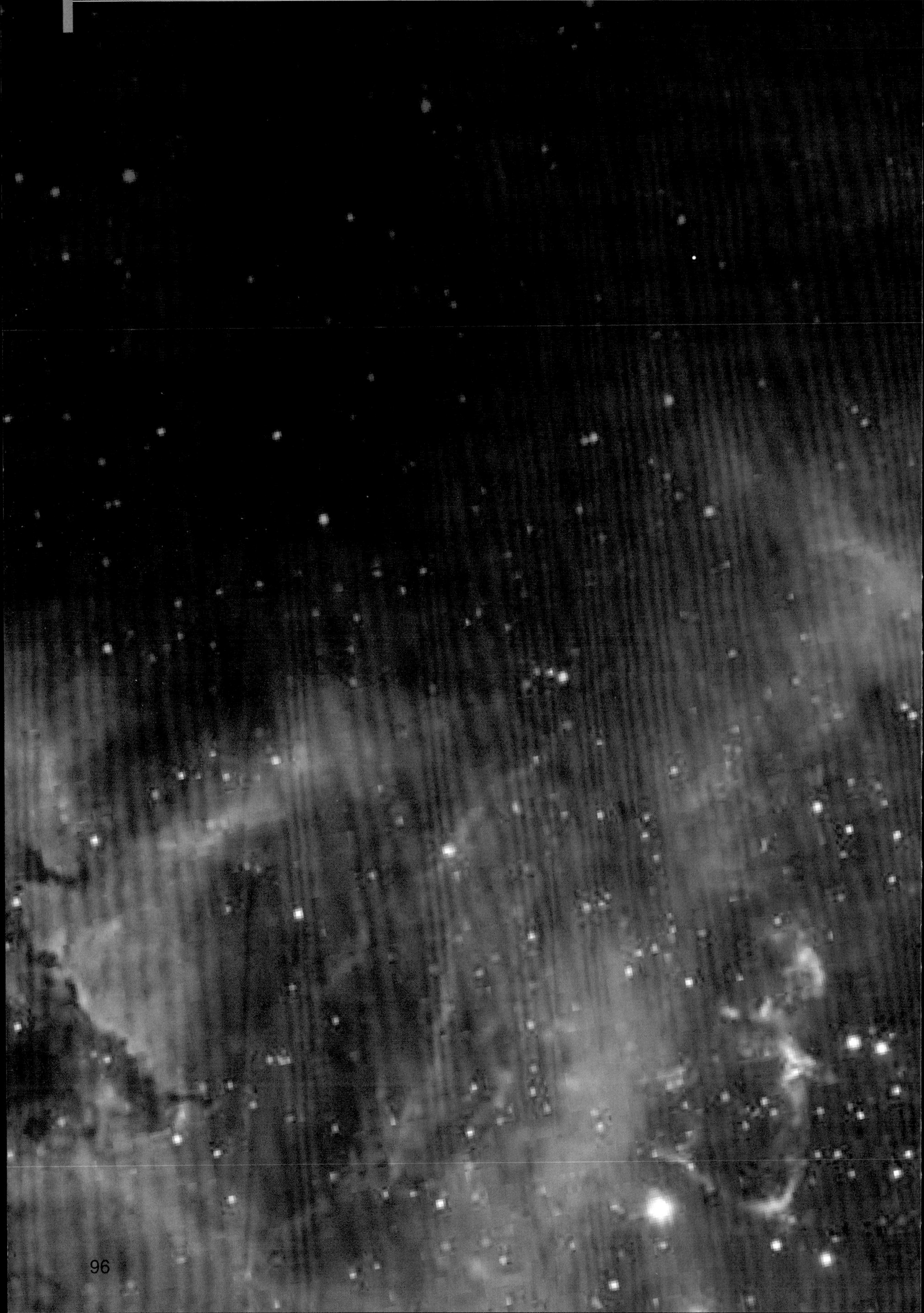

观测深空天体

如果太阳系是地球的后院，那么银河系——我们居住的星系，就是我们的宇宙邻居。它包含数千亿颗恒星和数千片星云。星云是稠密的气体云。绝大多数恒星和星云要么位于银河系中心鼓起的椭球状核球内，要么位于环绕核球的银盘上。环绕整个银河系的是稀疏的球状银晕，它是由恒星以及一些密集的球状星团组成的。我们甚至还可以看到银河系之外的其他星系，其中一些星系比我们的银河系要大得多。

在接下来的篇幅中，我们将向你介绍各类深空天体中一些最佳的观测目标，帮助你了解如何探索这些天体奇观，介绍你所需要的设备，以及在天空中找到它们的方法。

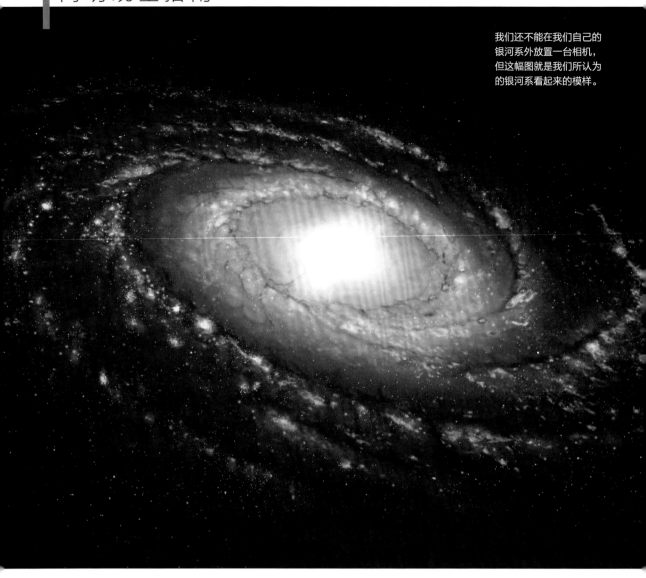

我们还不能在我们自己的银河系外放置一台相机，但这幅图就是我们所认为的银河系看起来的模样。

银河系

虽然我们只能从内部来观看它，但我们的银河系在夜空中却绚丽夺目。

我们所处的星系——银河系是夜晚最神奇的景观之一。在远离光污染区域观测，我们的星系看起来就像一条光的河流。随着秋天的临近，银河变得清晰可见，星系最明亮的部分装饰了我们美丽的天空。

"Milky Way"（银河系的英文）这一术语可以用来指代几种不同的事物，也可以是指一种有名的巧克力棒。有些人用这一术语来指代横穿天空的由恒星织成的光带，它是由成千上万颗暗弱的、遥远的恒星构成的，恒星的光芒结合在一起形成了这一令人惊叹的特征。

然而，我们的星系中还有更多除恒星之外的东西，这些恒星只是星系中可见的一部分。"银河"也被用来描述我们的整个星系，一个巨大的恒星岛屿，而我们的太阳只是其中的一个成员。如果我们从远处俯视我们的星系，如上图所示，银河系看起来就像是一个旋转的轮状烟花。

这个特殊的烟花由 2000 亿到 4000 亿颗恒星组成，据说大约有 136 亿年的历史。从它明亮的核球中心向外发出几条螺旋旋臂。近距离观测发现，这些旋臂来自于穿过中心核球的棒状结构的两端。

棒旋结构

这意味着银河系是棒状旋涡星系的一员。这些旋臂形成了所谓的星系盘，包括太阳在内的绝大多数恒星都位于星系盘上。由于旋臂中漂浮的尘埃和气体，这些旋臂也是新的恒星诞生的地方。除此以外，在银盘之外还有银晕，里面有数百个巨大的、由恒星组成的球状星团。

不用说，银河系是巨大的，非常巨大。我们的星系直径约为 10 万光年，而旋臂的厚度在 1000～2000 光年。光年是光在一年内能走的距离。

我们的恒星太阳位于离银河系中心约 2.5 万光年的地方，在被称为猎户座 - 天鹅座旋臂的边缘。这是银河系的一个小旋臂，它位于人马座 - 船底座主旋臂和英仙座主旋臂之间。

我们怎么知道这一切的呢？好吧，当望远镜足够强大以至于可以分辨出其他星系的旋臂时，我们就可以开始拼凑那些遥远星系和我们星系之间的相似之处。一旦天文学家能够利用射电望远镜和红外望远镜窥探星空，他们就能够看穿阻挡可见光观测的尘埃和气体，看到远处星系旋臂上的恒星。我们当然还没有了解一切，但未来几年的科技进步很可能会揭示更多关于我们银河系的信息。

银河系在宇宙中的位置

在我们所处的宇宙中，银河系并不孤单。在由星团组成的环绕我们的银晕之外，我们还有许多星系邻居。它们一起都是所谓的本星系群的一部分，这是一个由大约 30 个大大小小的星系所组成的家庭，坐落在直径约 1000 万光年的空间里。

银河系是本星系群中最大的 3 个星系之一，另外两个是仙女星系和三角星系。其余的是相当小的矮星系，其中一些是 3 个大星系的卫星星系。银河系最著名的卫星星系是大、小麦哲伦云。只有在南半球才能看到它们，看起来就像是从银河系中分裂出的圆形碎片。

本星系群本身就是一个更大结构的一部分，这个结构就是由许多邻近的星系群和星系团组成的室女座超星系团。室女座超星系团绵延数亿光年，却只是宇宙中众多超星系团的一员，这些超星系团由丝状的星系纤维连接在一起。

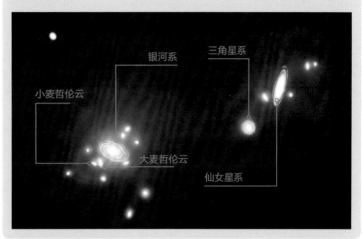

小麦哲伦云　银河系　三角星系　大麦哲伦云　仙女星系

如何观看银河

从地球上观看，我们星系中的恒星在我们周围形成一条亮带，这是因为我们的位置处在银河系的盘上。然而，恒星并不是均匀地分布在天空中。如果你看向猎户座和麒麟座方向，那么你基本上是看向银盘外的深空。那里的恒星少，所以银河在那个方向并不引人注目。往相反的方向看去，朝向人马座和天蝎座，你将直视我们银河系的中心。那里有更多的尘埃、气体和恒星。银河一年四季都可见，但在 4～9 月的天空中位置更高。

三叶星云 M20 是由一个疏散星团和 3 种星云组合成的不寻常的景观。

梅西耶星云星团表

18 世纪的一个法国人列出了观测时要避开的天体名单，后来却成为业余天文学家的观测红宝书。

无论是初露头角，抑或是经验丰富的北半球天文观测者，对他们来说最著名的深空天体观测星表是《梅西耶星云星团表》。这个著名的星表包含 110 个已知的深空天体的列表——各色各样的星系、疏散星团和球状星团、星云和一个超新星遗迹。这个著名的超新星遗迹是金牛座的蟹状星云，是梅西耶星表中的第一个天体。它因此被称为梅西耶 1 号天体，通常写成 M1。

梅西耶星表已经深入到天文学的知识体系中，以至于人们通常用梅西耶编号来指代天体。例如，M42 就经常用来指代猎户座星云。

具有讽刺意味的是，这个有用的星表最开始并不是为观测者提供的用于天文望远镜观测的目标列表。相反，它是需要避开的观测目标列表。这是因为，创建该星表的法国天文学家查尔斯·梅西耶是一位"彗星猎手"，而许多彗星在天空中出现时就像暗弱模糊的斑点，看上去和其他的深空天体一样。所以他把这些深空天体集合在一张不相干的清单上，以确保在彗星搜寻期间可以忽略掉这些天体。梅西耶在自己的天文台里开展了这些研究。他的天文台是一座木质和玻璃结构的建筑，位于中世纪时期法国巴黎克卢尼酒店的一座塔顶中。

增长的数字

《梅西耶星云星团表》第一次出版于 1771 年，当时包含 45 个天体。

基于梅西耶的助手皮埃尔·梅查恩后来进行的一些观测工作，10 年后，这一数字扩大到 103。这个数字保持了 100 多年，直到 20 世纪，天文学家和历史学家才又增加了 7 个天体。这 7 个天体不是随意挑选出来的，而是在最终版本的星表出版后不久，梅西耶和梅查恩在笔记里新增的观测记录。但是直到 1967 年，仙女座星系中的矮椭圆星系 M110 才被正式确认为最终的官方认定的梅西耶天体。

查尔斯·梅西耶的"寻找彗星时要避开的天体列表"之所以如此容易被接受，并成为用望远镜搜寻观测目标的指导手册，有如下几个原因。首先，该星表并不太长，110 个天体让观测过程美妙又易于操作。事实上，

可供裸眼观测的梅西耶天体之最

M42 赤经 05 小时 35 分 17 秒
赤纬 −05 度 23 角分 28 角秒

猎户座星云是由尘埃和气体组成的巨大星云——它是发射星云，也是恒星形成区。只靠肉眼你也能轻松地在猎户座腰带的 3 颗恒星下面发现这团"雾气"。

M45 赤经 03 小时 45 分 48 秒
赤纬 +24 度 22 角分 00 秒

昴星团，也被称为七姐妹星团，是位于金牛座的一个疏散星团。根据你的视力以及你所在位置天空的黑暗程度，你可以看到 6 颗到 12 颗数目不等的星星。

M13 赤经 16 小时 41 分 42 秒
赤纬 +36 度 28 角分 00 秒

武仙座内的大球状星团由成千上万颗恒星组成，只有在非常黑暗的地方才能被肉眼看到。它位于武仙座埃塔星和泽塔星连线的南 1/3 分段处。

M31 赤经 00 小时 42 分 42 秒
赤纬 +41 度 16 角分 00 秒

仙女座星系无疑是用肉眼能看到的最远的天体，它距离地球约 280 万光年。你可以在仙女座找到它，它是黑暗无月的天空中一个模糊的斑点。

可用小型望远镜观测的梅西耶天体之最

M81 赤经 09 小时 55 分 33 秒
赤纬 +69 度 03 角分 55 角秒

用 7.62 厘米～10.16 厘米（3 英寸～4 英寸）口径的天文望远镜观测大熊座中的波德星系，你会发现它是夜空中两个相互靠近的模糊斑块中较亮的一个。另一个较暗的斑块是另一个星系 M82。

M51 赤经 13 小时 30 分 00 秒
赤纬 +47 度 16 角分 00 秒

猎犬座的涡状星系是面向我们的漩涡星系。利用小型天文望远镜，我们可以看到它的基本形状以及和它纠缠在一起的小型星系。更大口径的望远镜能揭示其中更多的结构。

M3 赤经 13 小时 42 分 12 秒
赤纬 +28 度 23 角分 00 秒

这个位于猎犬座的球状星团也是小型天文望远镜的理想观测目标，因为它很容易被找到。作为夜空中最明亮的球状星团的一员，你用小型天文望远镜就能够揭示它雄伟的细节和致密的内核。

M57 赤经 18 小时 53 分 35 秒
赤纬 +33 度 01 角分 45 角秒

天琴座环状星云是一个形状优美的行星状星云，它是此类星云中最容易被观测到的一个。利用 7.62 厘米～10.16 厘米（3 英寸～4 英寸）口径的天文望远镜很容易看到它，它像一个模糊的但轮廓分明的椭圆形斑块。

它的可操作性强大到一些业余爱好者会基于梅西耶星表开展复杂的"梅西耶天体观测马拉松"——努力在一个晚上观测到全部的 110 个天体。另一个原因是梅西耶在彗星搜索中使用了各种不同尺寸的天文望远镜，包括 **8.89** 厘米（**3.5** 英寸）的折射望远镜。我们不需要异

查尔斯·梅西耶打算列出在观测彗星时需要避开的一些天体。

常强大的器材就能观测到他的星表中的天体：毕竟，它们就在小型业余天文望远镜的观测能力之内。

最后，梅西耶星表相当完整，它包含了几乎所有新天文爱好者都希望看到的奇妙景象，而且其中有不少非常明亮的天体。

当然，《梅西耶星云星团表》并不是唯一的参考列表——毕竟太空中不只有 **110** 个天体。例如，新的星云星团总表 **(NGC)** 就列

出了近 **8000** 个天体。另外还有一个名为星云星团新总表续编 **(IC)** 的扩展星表，在 NGC 的基础之上又新增了 **5000** 多个天体。你还会发现，许多天体出现在多个星表中。例如，猎户座星云 **M42** 也被命名为 **NGC 1976**。然而，对于业余天文学家来说，**NGC** 和 **IC** 星表的吸引力还是不够。因为它们只不过是深空天体数据库，其中许多天体太过暗弱，不用专业天文望远镜根本看不见。

不过，还有一份值得一提的清单：帕特里克·摩尔爵士自己编撰的《考德威尔星表》，实际上，它是梅西耶星表的拓展版。它包括许多明亮的深空天体，这些天体非常适合你在后花园用望远镜观测。

双星

两颗恒星搭配在一起的景象真的令人惊叹，尤其是当它们拥有鲜艳的颜色时。但不要把这里所说的双星和光学双星搞混了。

在17世纪早期望远镜发明之后，夜空的真实性质才第一次显现出来。原来用肉眼看起来模糊的小团块，现在突然间形成一个可观测的，由星云、星系和星团组成的全新世界。

当那些早期的望远镜对准恒星时，得到了一个有趣的发现：我们用肉眼看到的单一光点实际上并不都是孤独的。其中一些被发现实际是两颗或甚至是几颗恒星，由此我们发现了双星和多星系统。随着被发现的双星系统数量的增加，有必要对双星的类型进行进一步的划分，以便明确到底是哪类双星。

要理解第一种类别——光学双星，你需要想象一下布满恒星的真实三维空间。从我们的观测视角来看，一颗恒星看起来可能距另一颗恒星非常近，但这只是因为这两颗恒星碰巧在太空中处于相同的方向，实际上这些恒星之间没有任何的联系。其中的一颗可能比另一颗距离我们要远得多，但从天文观测角度来说，我们无法知道这一点，因为夜空中的一切看起来距离都是一样远。

双星的相互作用

接下来就是由引力联系在一起的双星系统，如果你看到其中的一颗，那么你看到的就是一个双星系统。双星的成员出现在同一个地方并不是巧合：它们距离我们一样远，并且围绕彼此运行。据一些科学家估计，银河系中可能有一半的恒星是双星，尽管到目前为止，双星系统只占观测到的恒星数目的5%。

那么你如何才能知道是哪一类双星呢？嗯，除非是借助一本杂志或星图，否则你无法判断看到的是光学双星还是双星系统。只有仔细研究双星成员的运动，我们才能判断两颗恒星是否在引力作用下相互束缚。

如果你正在观测一个双星系统，那么了解两颗双星自身会出现什么情况是很有趣的。这是因为有时双星系统中的两颗恒星会发生相互作用——尤其是其中一颗恒星比另一颗恒星更大时。在这种情况下，较小伴星上的气体会被抽离，从而会导致被称为新星的毁灭性恒星爆发。

当然，当你使用望远镜观看的时候，你不会看到这些景象，但双星仍然是令人惊奇的观测目标。一些双星显示出令人惊讶的颜色差异——例如，你可能会看到一颗闪烁的黄色恒星与一颗鲜艳的蓝色恒星相邻，而与其他双星相比，这两颗恒星的亮度大致相同，但却靠得很近。如果你能看到我们列出的最受欢迎的5对儿双星，那么毫无疑问，你很快就会迷上这些夜空中的宝石。

5 对儿容易分辨的双星

1. 辇道增七

所在星座：天鹅座。
赤经 19 小时 30 分 43 秒。
赤纬 +27 度 57 角分 34 角秒。
辇道增七（天鹅座贝塔星）是一对儿秀丽的金色和蓝色双星，它是一个双星系统。金色的成员亮度为mag.+3.1，而蓝色的成员为mag.+5.1。你需要一个望远镜才能分辨出它们。

2. 天大将军一

所在星座：仙女座。
赤经 02 小时 03 分 54 秒。
赤纬 +42 度 19 角分 47 角秒。
天大将军一（仙女座伽马星）是仙女座中第三亮的恒星，由一颗mag.+2.3的黄色恒星和一颗mag.+5.1的伴星组成。要想分辨它们，你需要使用望远镜。

3. 双双星

所在星座：天琴座。
赤经 18 小时 44 分 20 秒。
赤纬 +39 度 40 角分 12 角秒。
对肉眼来说，天琴座艾普西隆星的两颗黄色恒星的亮度差不多，都是mag.+5.5。然而，通过望远镜观看，你会发现这两颗恒星实际上每个都是双星。

4. 开阳和开阳增一

所在星座：大熊座。
赤经 13 小时 23 分 55 秒。
赤纬 +54 度 55 角分 31 角秒。
大熊座泽塔星和大熊座80是一对光学双星。肉眼能看见两颗白色的恒星，亮度为mag.+2.2和mag.+4.0，用肉眼观测这两颗恒星是测试视力好坏的传统方法。

辇道增七是一对儿美丽
的双星，由醒目的金色
和蓝色组成。

5. 金牛座西塔

所在星座：金牛座。
赤 经 04 小 时 28 分 34 秒。
赤纬 +15 度 57 角分 43 角秒。
　　这对儿肉眼可见的橙色
和白色的光学双星位于毕星
团，亮度分别为 mag.+3.8
和 mag.+3.4。较暗的那颗恒
星实际上亮度会稍微变化，在
1.82 小时内会从 mag.+3.35
变为 mag.+3.42。

测试你的望远镜

　　你可以用双星来测试望远镜的光学性能，分辨恒星的能力取决于望远镜的光学质量，以及望远镜的口径或前透镜的大小。

　　如果你有一个高质量的小型望远镜，比如直径 10.16 厘米（4 英寸）的望远镜，在视宁度极佳时，你应该能够分辨出相距 1.15 角秒的双星。我们在左边列出的最受欢迎的 5 对儿双星都能被这个望远镜轻松分辨。

　　要分辨出比这还要近的双星，你需要一个更大的望远镜。要找出理论上望远镜能分辨出的靠得最近的双星，你只需要用 4.6 除以望远镜前透镜的直径（单位为英寸）。

　　不过，这只是一个理论数字，因为如果大气湍动的相当厉害，你就无法很好地分辨出密近的双星的成员了。

大陵五是位于正下方的 3 颗恒星中的一颗，它是一颗交食双星，周期约为 3 天。

变星

从地球上观测，并不是所有的恒星都一直稳定地发光——有些恒星的亮度看起来会有规律地变化。

乍一看，甚至是在长时间的凝视之后，星光灿烂的夜空似乎没有什么变化。除了地球自转引起的天空缓慢运动和偶发流星外，似乎没有什么其他的事情发生。

然而，如果你知道在哪些时候观测哪些目标，那么即使是看似固定的恒星也能拥有自己的生命。稍微调查一下，你就会发现夜空实际上是在不断变化的。这是因为变星这一恒星奇观在随着时间的推移而发生亮度的变化。有些变星的亮度变化只需要几个小时，而另一些变星的亮度变化则需要几年的时间。一颗变星完成一次亮度明暗往复变化所花费的时间就是其周期。

变星的多彩生活

变星有多种类型，主要可以分为内因变星和外因变星。如果你在寻找活动的变星，那么可以寻找一颗内因变星。这类变星的亮度变化源自恒星本身。例如，它可能会向内或向外脉动，同时随着时间的推移会变得越来越亮或是越来越暗。

其中一类内因变星是长周期变星。这类变星往往是不稳定的年老恒星，其内部与重力和压力在不断进行抗争，导致它们在很长一段时间内会膨胀或是收缩。它们是很好的观测目标：一些变星在其最亮时能用肉眼看到，但它们转而会变暗很多，只能用双筒望远镜或天文望远镜才能看到。

变星的寻找开始升级，接下来是另一类被称为激变（或爆发）变星的内因变星，它们会不断吸积它们近邻恒星的气体物质。新的气体物质会不断堆积，直到导致恒星内核发生爆发，成为新星，其亮度会急剧增加。被称为超新星的年老恒星的死亡爆发也是这类变星的一种。

加上爆发变星，也就是包含表面时不时骤然耀发的恒星，就可以清晰地看到这类本征变星究竟有多么活跃。

外部因素

类似的，外因变星的变化特性可以归因于外部因素。以双星为例，两颗成员星的轨道很近，从我们的视角看去，当它们互相绕转时，其中一颗看起来会在另一颗恒星的前面运动。每当一颗恒星遮住另一颗恒星时，我们所观测到的双星系统的亮度就会发生变化。

接下来是自转变星。这些恒星自转得如此之快，以至于它们发出的光也受到自转的影响：如果我们能看到它们，它们看起来的外观就会是被压扁的。这些恒星的光变实际是由一种叫作微引力透镜的光线弯曲现象导致的。

对于业余天文学家来说，观测变星的光变波动是一项最佳的观测计划。利用一个不太昂贵的望远镜，你就可以把专业天文学家用来研究宇宙运转的知识容纳进来。变星如此之多，如果没有你的帮助，天文学家或许无法观测到所有的恒星。

宇宙距离标尺

对天文学家来说，造父变星是非常有用的内因变星，因为它们有着非常规律的光变周期。有些造父变星的光变周期只有一天，而有些造父变星则需要一个月甚至更长的时间来完成一次光变周期。造父变星的光变周期与其真实亮度有着精确的联系——因此，位于我们附近的光变周期为5天的造父变星，其真实亮度与遥远星系中光变周期也为5天的造父变星相同。因为我们知道亮度是随着距离的增加而减小的，因此我们可以计算出造父变星到我们的距离，从而利用造父变星来测量太空中的距离。

5 颗著名的变星

1. 仙王 δ 型星

赤经 22 小时 29 分 10 秒。
赤纬 +58 度 24 角分 54 角秒。
类型：脉动变星，它也是所有造父变星的原型。
变幅：从 mag.+3.9 变暗到 mag.+5.0。
周期：5 天 9 小时。
最佳观测时间：秋天。
所在星座：仙王座。
观测手段：肉眼。

2. 刍藁增二

赤经 02 小时 19 分 20 秒。
赤纬 -02 度 58 角分 39 角秒。
类型：长周期红巨星，刍藁型变星的第一颗。
变幅：从 mag.+2.0 变暗到 mag.+10.1。
周期：332 天。
最佳观测时间：秋天。
所在星座：鲸鱼座。
观测手段：双筒望远镜。

3. 帝座

赤经 17 小时 14 分 38 秒。
赤纬 +14 度 23 角分 25 角秒。
类型：大质量半规则年老红超巨星。
变幅：从 mag.+2.8 变暗到 mag.+4.0。
周期：约 3 个月。
最佳观测时间：夏天。
所在星座：武仙座。
观测手段：肉眼。

4. 大陵五

赤经 03 小时 08 分 10 秒。
赤纬 +40 度 57 角分 20 角秒。
类型：交食双星。
变幅：从 mag.+1.6 变暗到 mag.+3.0。
周期：2 天 21 小时，变亮超过 10 小时。
最佳观测时间：秋天。
所在星座：英仙座。
观测手段：肉眼。

5. 蛇夫座 R 秒

赤经 17 小时 50 分 13 秒。
赤纬 -06 度 42 角分 28 角秒。
类型：再发新星。
变幅：从 mag.+5.0 变暗到 mag.+12.5。
周期：约 20 年。
最佳观测时间：夏天。
所在星座：蛇夫座。
观测手段：望远镜，较亮时可用肉眼。

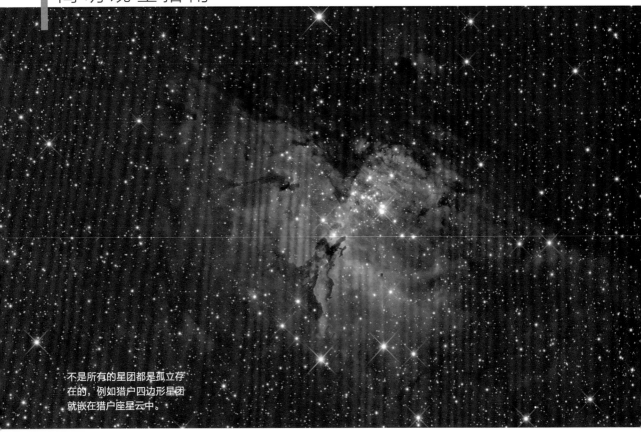

不是所有的星团都是孤立存在的，例如猎户四边形星团就嵌在猎户座星云中。

星团

在黑暗的太空中，闪耀的星团是业余天文学家们理想的观测目标。

当你抬头仰望夜空时，你会发现许多星星都是静静独处的。但是，一颗看起来独处的恒星可能是一个在太空中旅行的巨大群体的一员。如果我们把时钟倒回到数百万年前，我们可能会发现这些恒星是如何在巨大的尘埃和气体云中形成的。

这些由几十到几千颗恒星组成的被称为疏散星团的家族，都是在我们银河系尘土飞扬的旋臂中形成的。它们一起在太空中旅行，但最终潮汐力还是缓缓地将恒星们分离开来，直到它们分别融入星空背景中。

有许多较年轻的和较年老的星团，都非常适合用双筒望远镜观测。一般来说，你可以大致假设疏散星团如果越年轻，看来就越紧凑，因为这些恒星还没有漂移太长时间。

还有另一种不同类型的星团：球状星团。它们通常由几十万颗或几百万颗颜色偏红、年龄较老的恒星组成，尺度要比疏散星团大得多。疏散星团在我们银河系的盘面内形成，而球状星团组成了环绕银盘的银晕，然而球状星团的形成至今尚未有定论。

就观测而言，这一切都意味着，我们能够在横跨天空的朦胧银河内或银河附近发现绝大多数的疏散星团，而球状星团则遍布天空。当你用肉眼观测它们时，你只会看到模糊的斑点，但一个双筒望远镜会让你发现一些真正壮观的"宝石"。

不同凡响的疏散星团

M45

所属星座：金牛座。

赤经 03 小时 45 分 48 秒，赤纬 +24 度 22 角分 00 角秒。

昴星团，又称七姐妹星团，是夜空中最灿烂的星团之一。我们用肉眼就能很容易地发现星团中的 6 颗恒星，但要数到 10 颗恒星也不是没有可能。这个星团实际上包含数百颗恒星，借助一个像样的双筒望远镜我们就会有更多的发现。

NGC 869 和 NGC 884

所属星座：英仙座。

赤经 02 小时 19 分 00 秒，赤纬 +57 度 09 角分 00 角秒。

这就是"剑柄"星团，两个并排的星团组成的奇妙双星团。这两个星团的视直径都是 0.5 度，因此用肉眼就能很容易地发现它们。当我们尝试用双筒望远镜扫视这片区域时，还能看到在银河系的背景下，数百颗恒星构成的壮丽景象。

M7

所属星座：天蝎座。

赤经 17 小时 53 分 54 秒，赤纬 −34 度 49 角分 00 角秒。

M7 也被称为托勒密星团，它看起来是满月的两倍大。用肉眼看来，该星团的 80 颗恒星看起来就像是银河系中一个明亮的团块。但若利用双筒望远镜观测就能够分辨出这些恒星。

M35

所属星座：双子座。

赤经 06 小时 08 分 54 秒，赤纬 +24 度 20 角分 00 角秒。

这个星团中有超过 200 颗恒星，在晴朗的夜空，用裸眼就能轻松地看到它们。利用双筒望远镜，我们能够清楚地看到其中最亮的 20 来颗恒星，而余下的恒星则形成了一个椭圆形的模糊背景。

M44

所属星座：巨蟹座。

赤经 08 小时 40 分 06 秒，赤纬 +19 度 59 角分 00 角秒。

M44 被称为蜂巢星团，它包含数百颗恒星，用肉眼可以看到一个雾蒙蒙的斑块。使用双筒望远镜是观测 M44 的最佳方式，你可以借助它看到 M44 最亮的十几颗恒星。

雄伟的球状星团

M13

所属星座：武仙座。

赤经 16 小时 41 分 42 秒，赤纬 +36 度 28 角分 00 角秒。

M13 又被称为武仙座大球状星团，它是北半球最大最亮的球状星团。在黑暗的观测点，完全可以用肉眼观测到 M13，而利用双筒望远镜，它明亮、圆润的外形会更加令人惊叹。

M5

所属星座：巨蛇座。

赤经 15 小时 18 分 36 秒，赤纬 +02 度 05 角分 00 角秒。

M5 被认为是最年老的球状星团之一，利用双筒望远镜很容易地就能发现它，以及它略显椭圆的外观。你会看到一个模糊的团块，暗示你其实它包含了大量的恒星。

M3

所属星座：猎犬座。

赤经 13 小时 42 分 12 秒，赤纬 +28 度 23 角分 00 角秒。

这是另一个令人惊叹的球状星团，你只用肉眼就能看到它，但利用双筒望远镜能揭示出它明亮的圆形形状。它包含大约 50 万颗恒星，其中有 274 颗变星，是所有已知球状星团中变星数目最多的。

M22

所属星座：人马座。

赤经 18 小时 36 分 24 秒，赤纬 −23 度 54 角分 00 角秒。

M22 是最明亮的球状星团之一，用肉眼或双筒望远镜都能很容易地看到它。它拥有比 M13 还要大的尺寸，令人印象深刻。它在银河中的位置让它成为皇冠上真正的宝石。

M15

所属星座：飞马座。

赤经 21 小时 30 分 00 秒，赤纬 +12 度 10 角分 00 角秒。

看上去像一个紧凑型的 M13，M15 这个密集型天体是用双筒望远镜观测的理想对象。它看起来像一块圆形污迹，中心区域相当紧密，让这个遥远的星团显得深不可测。

南天的船底座星云 NGC 3372 比 M42 大 4 倍。

星云

无论它们是自己发光还是反射附近恒星的光芒，这些气体云和尘埃都是大受欢迎的观测目标。

星云是散布在银河系各处的气体和尘埃云，主要分布在银盘里，也正是在这里诞生了恒星。在拉丁语里，星云这个词是"小的迷雾"的意思。很久以前，我们认为所有的深空天体都是星云。因为深空天体在漆黑的夜晚都呈现为模糊的斑点，包括星系。如今，我们不仅可以区分星云和星系，而且我们也知道有几种不同的星云类型存在。

其中，最著名的星云是猎户座的**M42**，它是发射星云。由于气体云内部的或附近的恒星将星云气体电离，发射星云有自己的辉光。而另一种类型的星云——反射星云，比如环绕金牛座昴星团的星云，只能是由于附近的一些恒星将气体和尘埃照亮才能让我们看见，就像太阳照亮蓝天上的白云一样。

像马头星云这样的暗星云根本不会发亮，因为它们太过致密，以至于会吸收掉光线。暗星云之所以对我们可见，

是因为当它们位于明亮的星云或星场前面时，我们看到的实际上是暗星云的轮廓，但我们没有办法看到暗星云中的细节。

你可能认为像天琴座的环状星云那样的行星状星云与行星有关，但可惜你错了。行星状星云得名的原因是，透过望远镜，它们看起来像一个暗弱、模糊的小圆盘，如行星一般。当一颗质量与太阳相当的恒星死亡时，会形成这样的星云。当恒星变得不稳定时，它会将其大气里的气体吹出并在自己周围形成星云。而比太阳还大的恒星爆炸后会形成超新星，留下壮观的超新星遗迹。

天文图像揭示了许多星云都有着鲜艳的色彩——通常发射星云由于氢原子电离而呈红色，而反射星云被蓝色的恒星渲染成蓝色。但是，透过双筒望远镜或者天文望远镜看到的景象会与此大不相同，而肉眼看去，星云是呈灰色的。

恒星托儿所

星云是恒星形成的地方。一种关于恒星如何诞生的观点是，来自附近的超新星爆发会产生激波，进而压缩星云。一旦气体的密度超过临界点，引力就会开始起作用。

引力使星云团块聚在一起，团块中心压力的产生导致温度急剧上升。如果有足够的气体来为这一过程提供燃料，那么这一区域就可以生成一颗原恒星。

如果气体团块的温度达到 1000 万摄氏度，就会点燃为恒星提供能量的核熔炉。经过数千万年的时间，这颗恒星就会进入正常阶段，加入所谓的主序，就像我们的太阳现在所处的阶段一样。

惊艳星云

猎户座星云 M42

所属星座：猎户座。

赤经 05 小时 35 分 17 秒，赤纬 −05 度 23 角分 28 角秒。

M42 是夜空中最亮的星云，也是唯一能用肉眼看到的星云。在没有光污染的暗夜中，不经意地瞥一眼猎户座腰带 3 颗星的下面，你会看到这个发射星云像小小的雾状污迹。借助双筒望远镜，你会开始注意到它弯曲的形状。利用小型天文望远镜，你会开始注意到它的一些结构。猎户座星云的中心是 4 颗恒星，它们是猎户四边形疏散星团的一部分，它们构成的四边形也是星团得名的原因。这些恒星发出的辐射为整个星云提供能量，照亮星云。

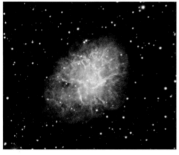

蟹状星云 M1

所属星座：金牛座。

赤经 05 小时 34 分 32 秒，赤纬 +22 度 00 角分 52 角秒。

M1 是公元 1054 年发生的超新星爆发的遗迹。尽管能用小型天文望远镜观测，但最好还是利用大口径的望远镜来观测它——只有这样，M1 的纹理才会显现出来。

礁湖星云 M8

所属星座：人马座。

赤经 18 小时 03 分 37 秒，赤纬 −24 度 23 角分 12 角秒。

在 10×50 的双筒望远镜下，即便人马座的 M8 身处繁星闪烁的银河，它也是很容易被发现的发射星云——它看起来就像一块亮片，你首先会注意到它较亮的核。

北美星云 NGC 7000

所属星座：天鹅座。

赤经 20 小时 59 分 17 秒，赤纬 +44 度 31 分 44 角秒。

发射星云 NGC 7000，又称北美星云，是个大型目标，在观测它时需要一些练习。它靠近天鹅座的亮星天津四，附近天区有许多值得用双筒望远镜观测的目标。

欧米茄星云 M17

所属星座：人马座。

赤经 18 小时 20 分 26 秒，赤纬 −16 度 10 角分 36 角秒。

这个明亮的发射星云和恒星形成区位于人马座的恒星场中。它有着弯曲的形状，看起来像希腊大写字母欧米茄，它也因此得名。有时 M17 也被称为天鹅星云。

哑铃星云 M27

所属星座：狐狸座。

赤经 19 小时 59 分 36 秒，赤纬 +22 度 43 角分 16 角秒。

在银河系的奇妙背景下，利用小型天文望远镜可以看见这一迷人而相对明亮的行星状星云，它呈现为模糊的椭圆形。而它的"哑铃"形状只有通过大口径天文望远镜才能显现出来。

马头星云（巴纳德 33）

所属星座：猎户座。

赤经 5 小时 40 分 59 秒，赤纬 −02 度 27 角分 30 角秒。

马头星云位于猎户座腰带的南边，猎户座分子云复合体的内部。它是一个暗星云，在星云状的明亮背景下会显现出其轮廓。在足够黑暗的天空下，你需要一台大口径的望远镜才能发现它。

星系

这些闪亮华丽的恒星方舟有着各种形状和大小，许多是宇宙碰撞的产物。

星系由数百万或数十亿颗（译者注：甚至到千亿颗）恒星聚集而成，恒星与气体云和星际尘埃被引力束缚在一起。宇宙中可能有超过 **1000 亿**个星系，而银河系的一些较大的近邻星系在夜空中看起来就像是微弱的光斑。但是直到 **20** 世纪初，天文学家埃德温·哈勃才证明，这些星系实际上存在于银河系之外。而在此之前，它们被认为是我们银河系外围的旋涡状星云。

此外，哈勃还证实星系的形状和大小各不相同。2/3 的星系有独特的旋涡状图样，而其余的星系则呈现从完整的椭圆到不规则的斑点等多种形状。它们可以是拥有数百万颗恒星的矮星系，也可以是拥有数万亿颗恒星的巨型星系。天文学家们仍在思考为何会出现这样的情况，不过目前已经发现星系的碰撞和并合似乎在决定星系如何演化方面非常重要。星系中心的黑洞似乎也控制着宇宙气体的消耗，以及恒星何时在这些宇宙城邦中形成。

隐藏的质量

星系比看起来的要大得多，它们 **90%** 的质量不存在于明亮的恒星和气体中，而是在看不见的暗物质中。暗物质存在于球状的星系晕中，控制着星系内部的恒星运动。这个看不见的"保护膜"解释了为什么旋涡星系外围的旋转速度比只考虑恒星和气体的质量影响时要快。暗物质还操纵着星系在引力的作用下聚集在一起形成星系纤维和星系团。然而，暗物质依旧是一个谜，天文学家仍在试图弄清它是什么。暗物质一定是奇异的事物，因为它既不吸收光也不发出光。

像银河系这样的旋涡星系，得名于从星系核球向外呈螺旋状伸展开的由明亮恒星构成的弧状旋臂。旋臂是一种密度波，嵌在扁平的由恒星和气

波德星系是 M81 星系群里 34 个星系中最大的，它距离地球约 1170 万光年。

体组成的星系盘中，围绕着星系中心的核球排列开来。在气体云被压缩的地方会形成明亮的恒星，星系盘上满是年轻的恒星和气体，呈现为蓝色，而核球部分看起来更显红色。当气体云在自身引力的作用下坍缩时，星系盘就形成了。当气体云沿垂直于盘的方向收缩时，星系盘会旋转得更快。旋涡星系在宇宙中很常见，但在星系团的中心，星系盘很容易被星系间碰撞所摧毁。

椭圆星系的形状像橄榄球，很像旋涡星系的核球部分，但却没有盘状结构。椭圆星系几乎不含气体，而且其内部几乎没有恒星在形成。年老的红色恒星常常沿着倾斜的椭圆轨道运行，而椭圆星系群通常位于星系团的中心。

透镜状星系呈透镜状，它们的分类介于旋涡星系和椭圆星系之间。许多透镜状星系与旋涡星系类似，有着相对较小的星系盘和较大的核球，但缺少旋臂。它们可能是退化的旋涡星系，恒星的形成已经停止。其他一些透镜状星系可能是星系碰撞的结果，这些碰撞可能撕裂了更大的星系盘的一部分，或是因为剧烈的爆发阻止了恒星的形成。

不规则星系不属于任何主要的星系类别，因为它们没有固定的形状。这可能是因为它们在星系碰撞过程中被扭曲了，也可能它们就是这样形成的。例如，一些矮星系就是由气体云随意凝聚而成的，尚未形成有序的状态。

星系一瞥

仙女星系 M31

所属星座：仙女座。

赤经 00 小时 42 分 42 秒，赤纬 +41 度 16 角分 00 角秒。

壮丽的仙女星系是离银河系最近的大星系，用肉眼就可以看到它。在没有月亮的漆黑夜空下，你应该能够在没有光学设备辅助的情况下，找到这个旋涡星系。它离银河很近，是一个模糊的斑块。使用双筒望远镜，你很容易就能发现它。仙女星系的外观是椭圆形的——你无法辨认出星系中的任何一颗恒星。利用 15.24 厘米（6 英寸）口径的天文望远镜，仙女星系看起来更像大而细长的椭圆形，有着略微明亮的核心区域。

涡状星系 M51

所属星座：猎犬座。

赤经 13 小时 30 分 00 秒，赤纬 +47 度 16 角分 00 秒。

涡状星系是位于猎犬座的一个壮观的正向旋涡星系，可以在亮度为 mag.+1.9 的摇光星（大熊座埃塔星）附近找到它，你需要大口径天文望远镜才能清楚地看到它的旋臂。

三角星系 M33

所属星座：三角座。

赤经 01 小时 33 分 54 秒，赤纬 +30 度 39 角分 00 角秒。

在纯净的夜空下才能用肉眼看到 M33，有光污染时，你至少需要用双筒望远镜。它位于 mag.+2.2 的娄宿三（白羊座阿尔法星）和 mag.+2.1 的奎宿九（仙女座贝塔星）之间。

草帽星系 M104

所属星座：室女座。

赤经 12 小时 40 分 00 秒，赤纬 −11 度 37 角分 23 角秒。

使用任何望远镜你都能在室女座中轻易地找到这个旋涡星系。利用 15.24 厘米（6 英寸）口径的望远镜你能看见一条延伸的光带，不过 M104 的标志是那条穿过其中心晕南边的暗尘埃带。

M81 和 M82

所属星座：大熊座。

赤经 09 小时 55 分 33 秒，赤纬 +69 度 03 角分 55 角秒。

M81 又称波德星系（上面给出的是它的位置坐标）和雪茄星系 M82，它们在天空中彼此距离很近，因此我们把这两个位于大熊座的星系看作是同一幅景观。使用小口径天文望远镜和低放大倍数的目镜，你就可以在同一个视场里看到它们。

狮子座三重星系

所属星座：狮子座。

赤经 11 小时 18 分 55 秒，赤纬 +13 度 05 角分 32 角秒。

狮子座三重星系由 3 个旋涡星系 M65（上面给出的是它的位置坐标）、M66 和 NGC3628 组成。它们大致位于 maq.+3.3 的太微右垣四星（狮子座西塔星）和 mag.+6.6 的狮子座约塔星之间中部。使用大口径望远镜能够更加清楚地观测它们，以及它们的邻居 M95 和 M96。

风车星系 M101

所属星座：大熊座。

赤经 14 小时 03 分 12 秒，赤纬 +54 度 20 角分 57 角秒。

这个正向旋涡星系同银河系的大小相同。它的亮度为 mag.+7.9，意味着你可以用双筒望远镜发现它，但你也许还需要 15.24 厘米（6 英寸）口径的望远镜才能看到它的旋臂。

天文大揭秘

以下收录并破解了 8 个最大的"天文谜团"，帮助你快速成为天文专家。

白天看不见月球？

我们习惯性认为白天只能看见太阳，而月球只在晚上出来。然而，无论夜晚长度如何，地球自转意味着每 24 小时中，至少有 12 个小时月球会在地平线上。因此，即便是大白天，月球也一定是在天上某个地方。我们能否在白天发现月球取决于两件事：月球的高度以及它的相位。

北极星是夜空中最亮的星？

由于最接近北天极，北极星无疑是最出名的一颗恒星。然而，它的实用意义并不能保证它就是夜空中最亮的恒星。经过一个夜晚的观测，你就会发现这个桂冠将会落在大犬座的天狼星上。

星星会眨眼？

有太多关于"一闪一闪亮晶晶"的解释。的确，夜空中的星星看上去如同眨眼一般闪烁，但这是由于我们大气湍动产生的，而非恒星本身的特质。当星光接近地球时会受到大气折射，并由于大气的湍动而被扭曲，最终才会到达你我的眼中。如果从太空中直接观测，星星是根本不会眨眼的。

地球距太阳的不同距离引起四季变化？

现实并非如此——北半球冬天时，地球距离太阳最近。真正产生四季的原因是地球自转轴相对于地球公转平面存在的 23.5 度夹角，这导致一年中不同时间每个半球的日照时间不同，从而产生四季。

北极星一直都是指北星么？

北极星的位置靠近北天极是暂时的，这是地球自转时自转轴进动的结果。这种进动大约每 72 年变化 1 度，整个周期大约是 2.6 万年。公元前 3000 年的"北极星"是天龙座的紫微右垣一星，而 2000 年后，它将是仙王座的少卫增八星。

流星是真的恒星么？

如果你曾经对着一颗流星许愿，那你可能会被这个事实所震惊：流星并不是真正的恒星。你看见的其实是在我们大气层内燃烧的天体碎片，并且它们的大小有些可能不会超过一粒沙。如果碎片掉落到地球表面，就成为我们俗称的陨石。

月球的阴暗面就是月球的背面？

"月球的阴暗面"经常被错误地用来指代月球的背面，但二者有着微妙的差别。月球的背面是月球永远不会朝向地球的一面，但如果称其为"阴暗面"则意味着它永远不会被太阳光照射到。事实并非如此。与我们从地球上看到的月球正面相同，月球的背面也有着同样的相位周期，只有当满月时，"月球的阴暗面"和"月球背面"才是真正意义上的同一事物。

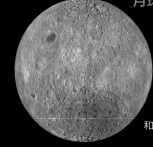

天文望远镜的主要的作用是放大天体么？

虽然望远镜可以让夜空中的天体看起来更大，但这并不是使用它们的主要目的。它们的主要功能是聚集光线，根据设计的不同而采用透镜或者镜面，这样我们就能看到因为太暗而无法用肉眼看到的天体。

译者后记：
北半球的最佳观星地——莫纳克亚天文台

如果你想开启观星之旅，那么这本书无疑是最佳起点之一。其实天文学家在开始观测前，也需要选择去哪里以及用什么设备来观测自己的目标天体。而一个优秀的天文台（站）可以让这一切事半功倍。

位于夏威夷的火山之一——莫纳克亚山拥有很多世界上独一无二的特点，其中之一就是它是天文学家利用先进的望远镜来探索宇宙的重要地点，这些先进的望远镜聚集一堂，构成了莫纳克亚天文台。也许对于天文学家来说，莫纳克亚山最与众不同且非常重要的特征是它巨大的盾状外形和它的周边环境。当来自太平洋的信风吹过莫纳克亚山平缓上升的斜坡时，几乎不会产生什么湍流。这股平滑的气流，加上莫纳克亚山顶的高海拔，使得人们在这里可以看到比其他地方清晰得多的恒星、星系、行星的图像。莫纳克亚山是世界上唯一一座被数万千米平坦表面（太平洋）包围着的 4200 多米高的盾状火山，也因此具备了能以惊人清晰度展现宇宙的理想条件。莫纳克亚山其他重要的特点还包括山巅处的低湿度（提高了红外和亚毫米波段光谱在莫纳克亚山上空的透明度）以及极其黑暗的夜空，后者主要归功于莫纳克亚山远离主要城市、夏威夷的照明法令，以及通常形成在山巅之下从而有助于阻挡城市的光抵达山顶的云层。

世界上有许多偏远地区的高山可以用来安置天文台，但是莫纳克亚山拥有天文观测所需要的特性的最佳组合。这是莫纳克亚天文台能够成为世界上天文观测成果最多的天文台的主要原因。每年，基于这里获取的观测数据产生的研究论文要比基于欧洲南方天文台在智利的设施或基于哈勃空间望远镜的还要多，其中有许多都跻身于世界上最重要的天文发现之列。

莫纳克亚山颠

暗能量和宇宙加速

在研究 Ia 型超新星时，物理学家萨尔·波尔马特、布莱恩·施密特和亚当·里斯发现宇宙的膨胀速度正在加快。造成这种加速的斥力通常被称为"暗能量"。上述物理学家因这一发现获得了 2011 年诺贝尔物理学奖。他们的发现基本依赖于 1995

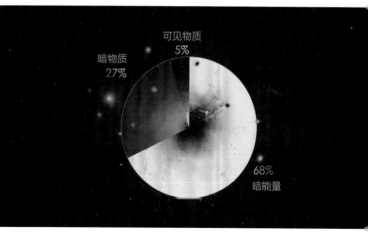

可见物质
5%

暗物质
27%

68%
暗能量

宇宙物质组成示意图

年至 1997 年间利用莫纳克亚山上的凯克望远镜获得的光谱。

银河系中的超大质量黑洞

通过测量银河系中心恒星的运动，研究人员发现了一个黑洞，其质量是太阳的 410 万倍。这个在 2000 年 9 月 21 日被《自然》报道的重量级发现来自于凯克望远镜 5 年的观测结果。

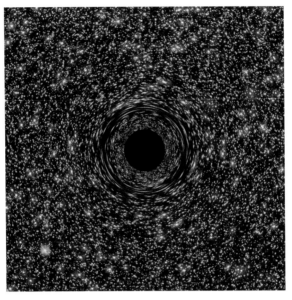

数值模拟的超大质量黑洞

太阳系外行星

寻找太阳系外行星几乎是一个永恒的热门话题，而莫纳克亚天文台的早期贡献无疑影响了寻找的历程。2007 年，天文学家使用北双子座望远镜和凯克望远镜拍摄了第一张行星系统环绕另一颗恒星运行的照片。

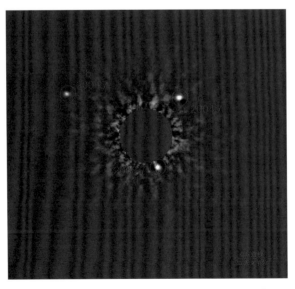

北双子座望远镜拍摄的 HR8799 周围的行星家族"合影"

最远的星系

由于科学家发现了一些迄今为止所能探测到的最远的天体，我们的宇宙边界已经被推向了新的极端。一个天体物理学家团队在莫纳克亚天文台成功地测量了有史以来最远的星系，更有趣的是，他们捕捉到了宇宙诞生不到 **6** 亿年时的氢发射现象，那会儿宇宙的年龄只有现在的 **1/20**。

遥远星系的"集体照"

莫纳克亚天文台帮助天文学家获得了许多令人啧啧称奇的重要观测发现。它拥有数台世界上最具科学价值的望远镜，这使得夏威夷进入国际天文学的领导者行列。而莫纳克亚天文台引发的人们的科学好奇心更是成为夏威夷文化遗产的一部分。如果一切都能顺利开展，在不久的将来，这座火山之巅还将增加一位新成员——**30** 米望远镜。这台新型的超大望远镜，将使我们能够更深入地观察太空，并以前所未有的灵敏度探索宇宙中各种神奇的天体。

30 米望远镜（TMT）想象图